SECCIÓN DE OBRAS DE CIENCIA Y TECNOLOGÍA

EN EL NOMBRE DE DARWIN

JOSÉ-LEONEL TORRES

En el nombre de Darwin

CONSEJO NACIONAL DE CIENCIA Y TECNOLOGÍA
FONDO DE CULTURA ECONÓMICA
MÉXICO

Primera edición, 1995

Carretera Picacho-Ajusco 227, 14200 México, D.F.

ISBN 968-16-4772-6

Impreso en México

ÍNDICE GENERAL

Cronología 9

Introducción 11

I. *Definiciones* 15
Selección natural 16

II. *Los apuros de Darwin* 23
Publicación de *El origen de las especies* 23
Polémica inicial 25
La edad de la Tierra 25
La evidencia de los fósiles 27
¿El huevo, o la gallina? 29
Genes y estructuras 31
Simbiosis 33
Altruismo 34
Lamarckismo 37
Mendelismo 38
El origen de las especies 41

III. *El origen del hombre* 43
Hombres y monos 44
La Biblia 45
El contexto filosófico 47
Darwinistas 50
Eugénica 51
Sociobiología 52

IV. *¿Mutación dirigida?* 57
Experimento de Luria y Delbrück 58
Nuevos experimentos 59
Excisión de un segmento de ADN 62
Evidencia contradictoria 63
Evolución acelerada por altas temperaturas 64
Activación de genes crípticos 65

Discusión 68

V. *El caso Lysenko* 71
Darwin y Marx 78

VI. *Darwin y Copérnico* 79
Principio antrópico 80
Ciencia y ética 82
Inercia cultural 84
Los apuros de Darwin 88

VII. *Hipótesis Gaia* 91
Evidencia experimental 94
Control de la temperatura 97
Concentración de CO_2 99
Ciclo del carbono 100
El color de las plantas 103
Especulaciones 104

VIII. *Viviendo en el error* 107
Economía y ecología 107
El precio de la gasolina 107
Los grandes números 109
Viviendo en el error 111

IX. *En el nombre de Darwin* 117
La cuestión de prioridad 119
Humanismo darwiniano 122
En el nombre de Darwin 125

Índice analítico 129

CRONOLOGÍA

1797 —Aparece el *Ensayo sobre el principio de poblaciones* de Malthus.

1809 —Lamarck publica su *Filosofía zoológica.* Nace Charles Darwin.

1833 —Lyell publica sus *Principios de geología*, basados en el uniformitarianismo, donde adjudica una gran antigüedad a la Tierra.

(1831–1836) —Viaje de Darwin como naturalista a bordo del Beagle.

1838 —Lee Darwin el *Ensayo sobre el principio de poblaciones* de Maltus y aclara conceptualmente el mecanismo de selección natural.

1858 —Darwin recibe el artículo de Alfred Russel Wallace *Sobre la tendencia de las variedades a alejarse indefinidamente del tipo original*, sobre el origen de nuevas especies por selección natural.

1859 —Publicación de *El origen de las especies.* Thomas Huxley lo lee y se convierte en vocero y defensor de la teoría de evolución que propone.

1865 —Mendel publica sus resultados estadísticos sobre la herencia integral de caracteres.

1868 —Kelvin publica un cálculo termodinámico que asigna a la Tierra una edad menor que 100 000 000 de años, demasiado corta para permitir la emergencia de la multitud de especies conocidas por la lenta acción de la selección natural.

1882 —Muerte de Darwin.

1883 —Galton funda el movimiento de la eugénica.

(1890–1910) —Declive del darwinismo.

1893 —Weissmann publica su teoría sobre el *plasma germinal*, que constituye el aspecto hereditario y permanente de los seres vivos, y cuyo vehículo transiente y desechable es el cuerpo *(soma).*

~1900 —Resultados de Mendel redescubiertos por H. De Vries y otros naturalistas. De Vries publica su *Teoría de mutaciones.*

1912 —Alfred Wegener publica su teoría de la deriva continental.

1915 —T. H. Morgan y colaboradores publican su *Mecanismo mendeliano de la herencia*, basado en dos décadas de investigación genética con la mosca de la fruta.

(1900~1920) —Relación antagónica entre darwinismo y mendelismo.

1925 —"Juicio del mono" en Tennessee.

1929 —Se inicia la elevación de Lysenko.

(1920–1930) —Creación de la teoría matemática de poblaciones por R. Fisher, J. Haldane y S. Wright.

1943 —Experimento de Luria y Delbrück sobre el carácter aleatorio de las mutaciones.

1944 —Identificación por Avery, McLeod y MacArthy del ADN como el factor hereditario en bacterias.

(1930–1945) —Síntesis moderna del darwinismo con la genética.

1953 —Descubrimiento de la estructura en doble hélice de la molécula de ADN por Watson y Crick, y de la codificación del mensaje de la herencia en el ordenamiento de sus nucleósidos.

~1960 —Determinación del código genético. Enunciado del "dogma central" sobre el sentido único del flujo de información biológica, del genoma hacia las proteínas y el ambiente.

(1960~1970) —Descubrimiento en el fondo de los océanos de evidencia en favor de la deriva continental. Renacimiento de la teoría de Wegener.

1968 —Teoría de 'evolución molecular neutra' de M. Kimura.

1972 —Teoría de 'equilibrio puntuado' de N. Eldredge y S. J. Gould.

1988 —Publicación por J. Cairns y colaboradores y por G. Hall de resultados que parecen indicar mutaciones dirigidas en ciertas variedades de *Escherichia coli.*

(1988 a la fecha) —A pesar de algunos resultados contradictorios, crece lentamente la evidencia sobre desestabilización del genoma y mutación dirigida en *Escherichia coli.*

INTRODUCCIÓN

MUCHO SE HA HABLADO en el nombre de Darwin. Según el biólogo Theodosius Dobzhansky, "Nada tiene sentido en la biología sin darwinismo". El físico John Archibald Wheeler considera al principio darwiniano de evolución por selección natural como el "descubrimiento científico más grande de todos los tiempos". Para el filósofo Karl Popper se trata, por el contrario, de una teoría infalsificable a través de experimentos, y tautológica en su estructura, una elaboración sofisticada de la frase "supervivencia de los supervivientes". En palabras del mismo Darwin, "Vaya libro, el que podría escribir un capellán del infierno sobre los torpes, ineficientes, erráticos, bajos y horriblemente crueles métodos de la naturaleza". No es la intención de este libro aumentar la lista de superlativos, sino analizar críticamente los fundamentos conceptuales y empíricos de la teoría darwiniana de la evolución, y las consecuencias de algunas de sus extrapolaciones.

La posición central del darwinismo en nuestra cultura es innegable. Aceptamos como verdad evidente que los sistemas físicos, biológicos, económicos, sociales y de toda índole evolucionan, y que cuando dos o más del mismo tipo coexisten en alguna región del espacio, se da una interacción de competencia entre ellos. En tal contexto, un libro con el propósito recién anunciado requiere justificación. Basten dos argumentos. El primero se refiere a experimentos realizados en últimas fechas, que sugieren una correlación positiva entre ciertos estímulos aplicados a bacterias de la especie *Escherichia coli*, y la ocurrencia de las mutaciones genéticas necesarias para superar el obstáculo a la supervivencia que dichos estímulos constituyen. La información sobre estos casos potenciales de "mutación dirigida" se mantiene aún en el ámbito de las revistas de investigación, y uno de los propósitos de este libro es volverla accesible a un público más amplio.

El segundo argumento se relaciona con el impacto global de las acciones de nuestra especie, que nos obliga a determinar los rangos de variación tolerable en los parámetros de la biósfera, fuera de los cuales es imposible la supervivencia. Con mucho, la mejor teoría científica que poseemos sobre la interacción entre los seres vivos y su ambiente es la llamada *síntesis moderna* de la genética con el esquema de evolución por selección natural de Darwin. Su comprensión adquiere entonces un carácter vital, si ha de cumplir cabalmente *Homo sapiens* su reponsabilidad de sobrevivir.

El primer argumento amerita un comentario. De acuerdo con el método científico, la confrontación de las predicciones de una teoría con resultados experimentales permite delimitar el rango de aplicabilidad de la misma, y sugiere frecuentemente las modificaciones necesarias para ampliar dicho rango. En el caso de una teoría de alcances tan vastos como la de Darwin, se esperaría que cualquier experimento que pareciera contradecir alguna de sus propuestas básicas habría llamado al punto la atención de la comunidad científica, especialmente la ocupada con el área biológica. Los experimentos aludidos han sido realizados por científicos eminentes en su campo, y publicados en las revistas más prestigiosas; sin embargo, el interés que despertaron decayó rápidamente tras un máximo inicial poco espectacular, a pesar de que han seguido apareciendo en la literatura especializada reportes que parecen confirmar y expander los resultados originales. Hablando con benevolencia podemos mencionar cierta falta de curiosidad profesional y científica; en lenguaje más realista, se justifica señalar un deseo velado de que se trate solamente de una anomalía temporal, nacido de una renuencia marcada a abandonar el terreno seguro del camino andado en favor del breñal de la controversia.

Por supuesto la actual anomalía podría ser en verdad pasajera; la historia de la ciencia está llena de ellas, y son por otro lado un signo inequívoco de vitalidad en el área donde acontecen. Un ejemplo, aún fresco, es la fusión nuclear a bajas temperaturas, y otro la llamada "quinta fuerza", que según la propuesta original vendría a sumarse a las cuatro tradicionales (gravitacional, electromagnética, fuerte y débil). Pero bien puede ser que estemos en presencia de una excepción legítima, nuestra primera evidencia de que el principio de Darwin requiere una revisión fundamental. El paso inicial para decidir entre estas dos posibilidades es conceder a la singularidad detectada el beneficio de la duda. Hacerlo brinda la rara oportunidad de adentrarse en un campo de contención científica, de incrementar el fermento de ideas y esperanzas y errores, de compartir la euforia del riesgo intelectual.

El libro está dirigido a personas con un nivel intermedio de educación formal, especialmente a aquellas en vías de elegir un área de formación universitaria. No es fácil imaginar una mejor ruta para descubrir la atmósfera intelectual mencionada, que una posible disonancia en la sinfonía darwiniana. Puede ser útil también para personas con educación universitaria en casi cualquier campo, que deseen información sobre el estado actual de la concepción de Darwin. La lista de referencias técnicas es suficiente para servir de guía en la búsqueda de literatura relevante al tema, y está orientada hacia biólogos, físicos y matemáticos interesados en el problema de una posible "evolución dirigida".

La insistencia en los aspectos polémicos del darwinismo dejará quizá en algunos lectores una impresión de fragilidad en la teoría. Mi intención es distinta: que se intreprete la existencia de problemas abiertos como evidencia de la continua vitalidad del esquema conceptual de Darwin. Nada empaña tanto el futuro de una teoría como el artificio de presentarla con un barniz de perfección e inmutabilidad.

En su reciente libro *Breve historia del tiempo* el físico Stephen Hawking menciona la advertencia que le hizo el editor, de que cada ecuación que incluyera en el texto reduciría las ventas a la mitad. El volumen de ventas típico de textos en español nos salva de tales preocupaciones; sin embargo, en este libro tampoco se hallarán ecuaciones, por otra razón poderosa. Según la evidencia histórica, el progreso en la ciencia se ha vuelto prácticamente sinónimo de *matematización*, entendida como la capacidad de representar los conceptos de una teoría por medio de símbolos, y de interpretar sus leyes como constricciones en la manipulación matemática de dichos símbolos. Se ha externado la queja, empero, de que la matematización excesiva constituye a la fecha un obstáculo para el avance en algunas áreas de la física, donde ha usurpado la función de los demás elementos del método científico. Escribir un texto biofísico sin expresiones matemáticas se volvió entonces un reto irresistible. Fue una aventura abandonar (temporalmente) la senda de las ecuaciones. Fue un placer.

I. DEFINICIONES

La PRIMERA edición de *El origen de las especies* se agotó el mismo día de su aparición. Cuando Thomas Huxley, quien se convertiría posteriormente en el defensor más vigoroso de la teoría leyó el texto, exclamó en relación con el mecanismo de evolución biológica que proponía, basado en la selección natural: "¡Qué extremadamente estúpido, no haber pensado antes en eso!". Comentarios similares al suyo no escasearon, como tampoco las reacciones hostiles. El enconado debate que originó la publicación de la teoría de Darwin muestra que el tiempo estaba "maduro" para ella, y contrasta con la total indiferencia del medio científico hacia los resultados casi contemporáneos de Mendel sobre la manifestación de caracteres hereditarios en chícharos. No se puede ignorar por supuesto que Darwin publicó su trabajo en una de las metrópolis científicas del mundo, mientras que Mendel lo hizo en la periferia. Sin embargo, copias del trabajo de Mendel circularon en Inglaterra entre biólogos eminentes sin una reacción audible de su parte, por lo que el aislamiento geográfico resulta insuficiente para explicar el silencio sobre sus experimentos. La relevancia para el esquema de Darwin del análisis mendeliano se hizo evidente varias décadas más tarde, en un ambiente inicial de hostilidad entre las dos vertientes de investigación que representaban. La eventual convergencia de estas teorías de la evolución biológica condujo a mediados del presente siglo a la llamada "síntesis moderna" de la genética con el mecanismo evolutivo de selección natural.

A pesar de los famosos choques iniciales entre partidarios y opositores de la teoría de Darwin, ilustrados vívidamente por la polémica entre Thomas Huxley y el obispo anglicano Samuel Wilberforce,[1] el avance inicial en el medio científico de la teoría darwiniana fue rápido. Diez años después de la publicación de *El origen de las especies* había biólogos darwinistas en muchas posiciones claves del medio académico inglés. La aceptación de la teoría en el resto de Europa fue más lenta, pero hacia la penúltima década del siglo pasado una fracción significativa de los biólogos prominentes del mundo era darwinista. Sin embargo, a finales del mismo las fortunas de la teoría declinaron notablemente, y fue sólo en los años treinta del presente siglo cuando se

[1] Consideraremos detalles de este episodio en el capítulo III.

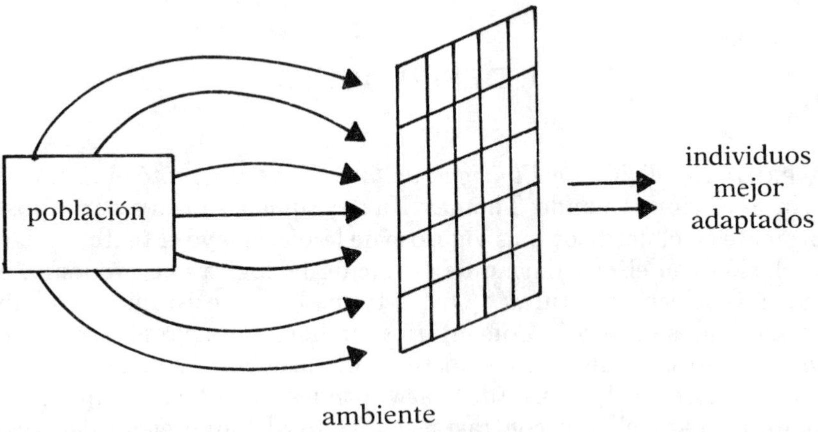

FIGURA I.1. *Mecanismo de selección natural.* La población es una fuente perenne de diversidad (flechas), y la interacción con el ambiente constituye un filtro o "sumidero" de la misma, que permite la supervivencia de sólo una fracción de los individuos producidos, los mejor adaptados a su entorno según la terminología de Darwin.

empezó a gestar la síntesis moderna de la genética y el darwinismo, a través de dos nuevas disciplinas: la biología molecular y la teoría matemática de poblaciones. Los altibajos en la aceptación de la teoría de Darwin serán de gran interés en nuestra discusión, y los analizaremos de cerca más adelante.

SELECCIÓN NATURAL

La teoría darwiniana de evolución por selección natural involucra dos elementos: una población diversificada y el ambiente con el cual interacciona. La primera propuesta fundamental es que la fuente de diversidad es permanente e independiente del entorno, y que la población evoluciona continuamente debido a la interacción de sus miembros con el ambiente, que permite la supervivencia y reproducción sólo de una fracción de los mismos (figura I.1). Darwin llamó a este proceso "selección natural". La segunda propuesta fundamental es que la selección natural conduce a la aparición de nuevas especies, y que es el único mecanismo generador de ellas.

La brevedad del enunciado de la teoría de Darwin oculta la sutileza de sus elementos, cada uno de los cuales ha originado controversias desde la publicación de *El origen de las especies*, sin mostrar algunas de ellas señales de abatimiento hasta nuestros días:

1. Una *población* es un conjunto de individuos de la misma especie,

que coexisten en un ambiente determinado. La coexistencia incluye interacciones (sexuales, de conjugación en bacterias, etc.) entre los miembros, que afectan la diversidad en la siguiente generación.

La definición de especie conduce a dificultades profundas. Para nuestros propósitos bastará la caracterización siguiente: en el caso de seres provistos de sexo, una especie estará constituida por el conjunto de los individuos capaces de reproducirse sexualmente entre sí, dando lugar a progenie fértil. Respecto a organismos asexuados, diremos que dos de ellos pertenecen a la misma especie si son suficientemente cercanos tanto morfológica como bioquímicamente. La cercanía química "suficiente" equivale a la indistinguibilidad de la mayor parte de su material genético (ADN) y de sus enzimas.

Esto transfiere la dificultad a la definición de sexo, y a la justificación biológica de la existencia de dos sexos, en lugar de tres o quince. Más que una complicación para la teoría de Darwin esta cuestión representa una deficiencia conceptual de la biología, y la pasaremos de largo en aras de proseguir con nuestro tema, mencionando tan sólo que constituye un problema abierto y de importancia capital en esta ciencia.[2]

La caracterización de especie en términos de cercanía suficiente entre sus miembros es ambigua, y probablemente se conseguirá una definición aceptable sólo en función de un mínimo de concordancia entre las moléculas de ADN de los individuos involucrados. Esto tendrá que esperar hasta que la determinación de la secuencia genética de cualquier organismo se convierta en una operación rutinaria.

2. La *diversidad* en las poblaciones se refiere a sus características morfológicas, químicas y fisiológicas. En el caso de animales, por ejemplo, hay diversidad en sus tamaños, cubierta de pelo, agudeza visual, velocidad de reacción ante un estímulo externo, etcétera. Internamente hallamos variabilidad en las dimensiones de sus órganos, en la composición de la sangre, consumo de oxígeno por unidad de trabajo realizado, capacidad para digerir algunos alimentos, grado de tolerancia a ciertas substancias, etcétera.

3. La *interacción* de un individuo con su ambiente consiste en los intercambios de energía, materia e información entre estos dos sistemas. Las propiedades de tales intercambios (velocidad, eficiencia, etc.), están estrechamente ligadas a las transformaciones de energía y materia dentro de cada individuo, las cuales constituyen su metabolismo.

4. El *grado de adaptación* de un individuo al entorno se mide no por

[2] H. Bernstein, H. Byerly, F. Hopf y R. Michod, "Origin of Sex", *Journal of Theoretical Biology* **110**, 1984, pp. 323–351. Véase también *Scientific American* **268**, enero de 1993, p. 12.

su longevidad, sino por el número de sus descendientes en generaciones futuras. Generalmente una larga vida conduce a una progenie numerosa, pero no consideraremos bien adaptado, de acuerdo con el criterio darwiniano, a un individuo longevo y estéril. Tampoco juzgaremos bien adaptado a un organismo cuya numerosa progenie desaparezca una generación adelante por algún defecto genético. El criterio de mérito es único, y consiste en la permanencia del individuo y/o sus descendientes.

5. Al seleccionar a los individuos mejor adaptados, el *ambiente* funciona como un filtro de diversidad pues a lo largo de varias generaciones elimina a las variantes menos funcionales en su medio. Para que el mecanismo de selección no se detenga, este sumidero de variabilidad debe ser compensado por una fuente. En la teoría darwiniana se propone que tal fuente existe y es aleatoria, o sea, independiente de la adaptabilidad que confiere a un individuo específico en un ambiente determinado.

El esquema anterior utiliza los conceptos introducidos por Darwin el siglo pasado. Estableciendo una analogía con la física diríamos que constituye la versión macroscópica o termodinámica de su teoría. Hacia mediados de este siglo la genética suministró la base microscópica complementaria, que utiliza al *gene* como elemento principal. La definición del gene resulta casi tan problemática como la de especie, pero en nuestro estudio bastará con decir que un gene es una porción de la molécula de ADN de un organismo dado que determina la producción de una proteína específica.

Desde el punto de vista microscópico, una población se define en términos de su "banco genético", es decir, del total de los genes que contiene. La variabilidad en la forma y fisiología de los individuos que la componen proviene de la diversidad en su banco genético. La adaptación de un individuo a un ambiente determinado se mide por su contribución al banco genético en la siguiente generación. La persistencia de la variabilidad se asocia con una continua mutabilidad del genoma.[3]

El repertorio de mutaciones de la molécula de ADN es muy amplio, y a la fecha se le conoce sólo parcialmente. Incluye cambios puntuales (o sea, en nucleósidos[4] particulares) y transformaciones de segmentos de la misma. Las transformaciones puntuales consisten en sustituciones, adiciones y sustracciones de nucleósidos, ya sea durante la duplicación de la molécula de ADN en la reproducción celular, o por la acción de

[3] Genoma: totalidad del material genético de un individuo.

[4] Los nucleósidos son los componentes de los ácidos nucleicos. Cuatro de ellos se utilizan repetidamente en la molécula de ADN: adenosina, guanosina, citidina y timidina, abreviados A, G, C y T, respectivamente. La información genética está codificada en el orden de aparición de los nucleósidos a lo largo de la molécula.

ciertas radiaciones y substancias químicas. Los cambios no puntuales incluyen la recombinación de material genético masculino y femenino durante la reproducción sexual, el movimiento ("transposición") de segmentos móviles de la molécula, la inversión, multiplicación y eliminación de estos últimos, y la adición de material genético externo, generalmente por la incorporación del genoma de algún virus durante el proceso de infección celular por estos organismos.

La autonomía propuesta de la fuente de diversidad macroscópica respecto al entorno implica dos propiedades de las transformaciones genéticas: carácter aleatorio en cuanto a su frecuencia y el grado de adaptación que confieren, e independencia respecto a la mayoría de los estímulos externos, con excepción de los representados por ciertas radiaciones electromagnéticas, partículas de alta energía y substancias químicas mutagénicas.[5]

Los experimentos recientes mencionados en la Introducción, que han dado lugar a resultados inesperados en relación con la teoría de Darwin, han puesto a prueba la hipótesis de azar en los cambios genéticos, y de independencia respecto a los cambios de adaptación que originan. En todos ellos se ha manipulado el entorno de organismos unicelulares en busca de "evolución dirigida", o sea, de correlaciones positivas entre factores de selección ambientales y las frecuencias de aquellas mutaciones que ayudan a superarlos. Sorprendentemente, un elemento tan básico del esquema evolutivo darwiniano no había obtenido la atención experimental que merece, con el resultado de que su fundamentación empírica es a la fecha insatisfactoria.

El segundo aspecto fundamental de la teoría de Darwin se refiere al origen de nuevas especies, a partir de la continua divergencia de los seres vivos respecto a sus ancestros (como consecuencia de la acumulación de variaciones a lo largo de muchas generaciones), y de la selección natural, que permite la supervivencia de sólo una pequeña fracción de las variantes producidas.

Para ilustrar la emergencia de nuevas especies por este fenómeno de diversificación acotada por la selección natural, no existe quizá un mejor vehículo que el diagrama original de Darwin[6] en *El origen de las especies*, reproducido en la figura I.2, donde las letras A,. . . , L representan especies, y las líneas horizontales con números romanos (I,. . . , XIV) limitan intervalos de 1 000 generaciones cada uno (éste es un número promedio y se utiliza solamente para cuantificar la frase "muchas generaciones"). Las separaciones entre las letras A,. . . , L simbolizan las

[5] Mutagénico: que genera mutaciones.

[6] C. Darwin, *El origen de las especies*, Editorial Diana, México, 1977, pp. 504; la descripción correspondiente se encuentra en las pp. 121–128.

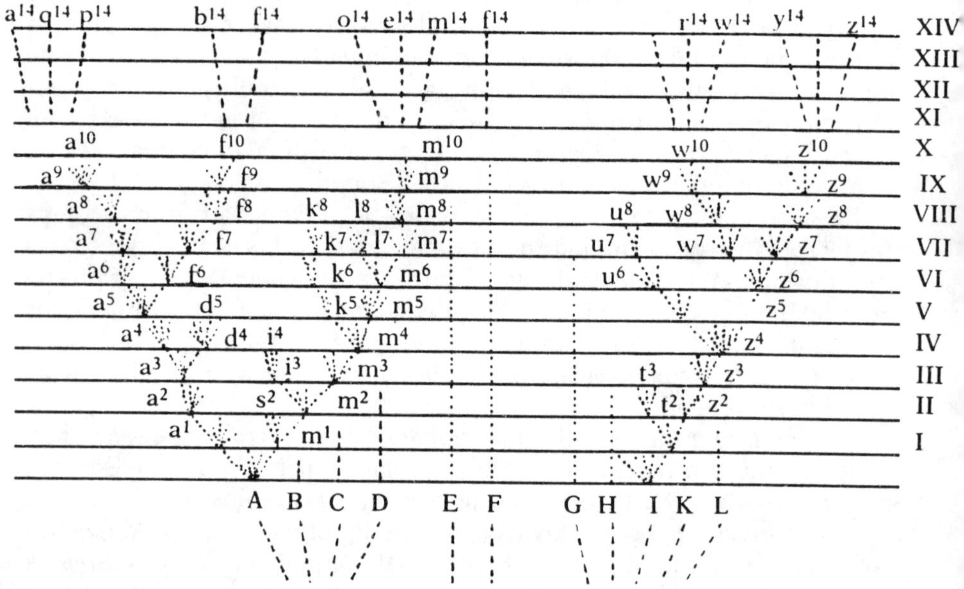

FIGURA I.2. Diagrama original de Darwin sobre la aparición de nuevas especies por el efecto combinado de la diversificación y la selección natural.

distancias biológicas (de naturaleza morfológica y bioquímica) entre las especies consideradas. Las líneas punteadas indican variedades, y los nodos con letras como a^1, m^3, z^8, etc., la aparición de variantes suficientemente diferenciadas como para merecer un nombre. El extremo de una línea punteada representa la extinción por selección natural de la variedad correspondiente.

Las especies A e I producen numerosas variantes, mientras que las demás no lo hacen. B, C, D, E, G, H, K y L se extinguen tras diversos números de generaciones. Después de 14 000 generaciones (14 niveles horizontales), las variedades supervivientes como a^{14} y f^{14} son tan disímiles que no pueden ya fecundarse: constituyen especies distintas. Las 15 especies finales ($a^{14},\ldots,z^{14}$) son en general muy diferentes de las 11 iniciales (A,..., L). El diagrama puede extrapolarse indefinidamente hacia el futuro con niveles mayores que el XIV; su continuación hacia el pasado conduce eventualmente a un punto, que representa al antepasado común de las especies iniciales.

El problema del origen de nuevas especies será menos importante en nuestro análisis que la cuestión del carácter (aleatorio o determinístico) de la fuente de variabilidad. Lo consideraremos brevemente en el siguiente capítulo, y sólo adelantaremos aquí que constituye una noción problemática en cuanto a la aplicación del método científico, debido a los largos periodos involucrados en la aparición de nuevas especies, que impiden realizar experimentos de laboratorio sobre este fenómeno y obligan a buscar la evidencia empírica casi exclusivamente en los fósiles, los cuales integran una muestra estadísticamente insatisfactoria de la vida previa en nuestro planeta.

El diagrama de Darwin no ha podido construirse totalmente para ninguna serie específica, aunque vale anotar que existen ejemplos donde varios pasos intermedios se han identificado satisfactoriamente, como en el caso de la evolución del caballo a partir de *Eohippus.*

II. LOS APUROS DE DARWIN

La teoría de evolución por selección natural ha sido el centro de enormes polémicas desde su enunciado por Charles Darwin en 1859. Su potencial para generar controversias es fácil de discernir. Conduce a una visión de la existencia como un conflicto donde el único criterio de mérito es la supervivencia, medida en términos del número de descendientes de un individuo en la siguiente generación, o, equivalentemente, de su legado al banco genético de la población a la que pertenece. No deja espacios este esquema para la mayoría de los criterios de mérito tradicionales. Refinamiento intelectual, apego a un código moral, creatividad artística y demás virtudes adquieren relevancia sólo a través de su contribución a la supervivencia en un medio determinado.

Por otro lado, Darwin atribuyó a la selección natural el origen de nuevas especies, y esto lo enfrentó de inmediato con la versión cristiana, que considera a las especies como creadas por Dios y por lo tanto inmutables. La dinámica de la selección natural, en términos de la creación perenne y aleatoria de diversidad en los seres vivos, y de la destrucción inexorable de las variantes mal adaptadas a su ambiente, constituye un mecanismo ciego al dolor y ajeno a la compasión, por lo que contrasta ásperamente con el mensaje de los evangelios.

Darwin tuvo que confrontar desde el inicio la hostilidad proveniente de muchos campos. Pensadores sociales y filósofos reaccionaron negativamente ante la amoralidad de su mecanismo de evolución, que percibieron como la justificación del dominio de los fuertes sobre los débiles, sin el contrapeso de un código moral que limitara sus excesos, ni de un código legal que calificara de inaceptable tal dominio. Los voceros del cristianismo respondieron horrorizados ante un esquema que nulificaba el rango de acción de la divinidad en los aspectos más fundamentales: la creación de los seres vivientes y el resguardo de su felicidad por medio de intervenciones periódicas a través de milagros.

Publicación de *El origen de las especies*

Darwin era de carácter retraído y evitaba, en lo posible, las polémicas. Después de su peregrinaje de cinco años alrededor del mundo en el *Beagle* evitó obstinadamente los viajes, por simples y breves que fueran. Provenía de una familia acomodada y se casó con una mujer rica, pariente suya. Esto le permitió trabajar en casa, libre de la lucha por la supervivencia académica que tenían que librar sus colegas. Las ideas primarias sobre evolución las concibió hacia 1840. Sabía por sus observaciones de campo que los integrantes de una población presentan gran diversidad morfológica, y sospechaba que esta diversidad estaba relacionada con la aparición de nuevas especies. Sin embargo, el mecanismo de filtrado de la diversidad no se le había ocurrido aún por esas fechas. Según su propia versión, fue el *Ensayo sobre el principio de poblaciones* de Thomas Malthus lo que guió su mente hacia la selección natural: los miembros de una población se ven forzados a competir entre sí y con los integrantes de otras poblaciones, dado el carácter limitado de los recursos ambientales.

Sin embargo, *El origen de las especies* fue publicado hasta 1859, casi veinte años después. La razón de ello es que Darwin, en consonancia perfecta con su carácter, deseaba incrementar hasta el exceso la evidencia en apoyo de sus tesis principales. La meta era publicar un libro cuya consistencia lógica y fundamentación experimental fueran de tal calibre que silenciaran al punto cualquier oposición. Aparte del geólogo Charles Lyell, el botánico Joseph Hooker y algunos otros confidentes, nadie más conocía el desarrollo de sus revolucionarias ideas. Los años pasaban y él continuaba la acumulación interminable de datos, y el refinamiento sin fin de sus ideas, a pesar de las advertencias de Lyell en el sentido de que alguien podía adelantársele si continuaba posponiendo la publicación de su teoría.

El acontecimiento que lo impulsó finalmente a publicarla rodeó de dramatismo la aparición de su obra. En 1858 recibió una carta del naturalista Alfred Russel Wallace (1823–1913), que describía un esquema de evolución biológica similar al suyo. Wallace era un joven naturalista de origen humilde que obtenía sus ingresos de la venta de especímenes exóticos, conseguidos en lugares remotos del mundo. Había viajado por Brasil y realizado investigación en las islas del Pacífico del sur. Fue en una de las islas de la actual Indonesia donde, mientras convalecía de un ataque de fiebre, aclaró sus ideas sobre evolución e identificó el mecanismo de selección natural. Escribió un pequeño artículo sobre el tema y lo envió a la persona que consideró idónea para apreciar su significado: el naturalista Charles Darwin, con quien había intercambiado correspondencia en el pasado sobre cuestiones evolutivas.

Resulta difícil imaginar mayor desencanto que el de Darwin al recibir la misiva. Su primer impulso fue hacer a un lado su propio trabajo y conceder todo el mérito a Wallace. Lyell y sus demás amigos lograron convencerlo de tomar una actitud más positiva, y finalmente el artículo de Wallace fue publicado, con un resumen anexo de Darwin explicando sus propias ideas al respecto. Trabajando a toda velocidad, y convencido de que escribía tan sólo un bosquejo del gran libro originalmente planeado, Darwin publicó un año más tarde *El origen de las especies*, uno de los clásicos cimeros de la ciencia. Las 2 500 copias de la primera edición fueron vendidas el mismo día de su salida al mercado.

La cuestión de prioridad intelectual no constituyó uno de los apuros de Darwin. Wallace poseía un espíritu no menos generoso que el suyo, y le concedió el mérito "en la medida que una semana de trabajo se compara con veinte años". Fue él quien acuñó el término *darwinismo.*

Polémica inicial

Desde el principio, las reacciones provocadas por la teoría de Darwin fueron extremas. Por un lado, personas como Thomas Huxley adoptaron entusiastamente sus nociones evolutivas a partir del primer contacto con ellas. "Su idea central se convertirá sin duda en una de las verdades establecidas de la ciencia", le escribió el botánico Hewett Watson poco después de la aparición de *El origen de las especies.* Por otro lado, muchos pensadores de su tiempo hallaron repulsivo el materialismo, ateísmo y amoralidad de su esquema de evolución. En sus ataques algunos de ellos utilizaron argumentos científicos; otros manifestaron su rechazo en términos filosóficos y religiosos. No faltaron quienes personalizaran el ataque, pretendiendo negar o minimizar los méritos del autor como estrategia para debilitar su teoría. Nos ocuparemos en esta sección de los principales argumentos científicos esgrimidos en la polémica inicial, algunos de los cuales conservan su vigencia (y buena parte de su energía) hasta la fecha.

La edad de la Tierra

En *El origen de las especies*, Darwin propuso que el efecto de la selección natural es gradual, o sea, que tiene lugar en pasos muy pequeños. Esto implica que su mecanismo de evolución es extremadamente lento, por lo que se requieren intervalos muy largos para la aparición de nuevas especies. De acuerdo con el número de especies existentes en la actualidad y con las representadas en el registro de los fósiles, la Tierra debe haber ofrecido un ambiente apropiado para la vida durante un período inmensamente largo. A partir de evidencia geológica, su amigo Charles Lyell había propuesto que la edad de la

Tierra era enorme, con base en la hipótesis de que sus montañas, valles, ríos y demás características se debían a la acción prolongada de fuerzas similares a las presentes en nuestra época.

El esquema de Lyell, llamado "uniformitarianismo", es opuesto al "catastrofismo", una antigua noción según la cual la Tierra ha sido moldeada en el pasado por agentes enormemente poderosos e inexistentes en la actualidad, entre los cuales estarían las lluvias del diluvio bíblico.

Sin embargo, un cálculo del físico Lord Kelvin, basado en la transferencia de calor de la Tierra hacia el espacio, indicó que su edad no podía rebasar los ochenta millones de años, un intervalo demasiado corto para permitir la aparición de tantas especies como observamos, a través de la lenta acción de la selección natural. Dada la estatura científica de Lord Kelvin, su resultado significó hasta principios de este siglo una seria dificultad para la teoría de Darwin.

El argumento de Kelvin se basa en la termodinámica. Las erupciones volcánicas nos indican que el interior de la Tierra es considerablemente más caliente que su superficie. Debe existir entonces un flujo continuo de calor hacia el espacio que la rodea, cuyo efecto será la disminución gradual de su temperatura. Extrapolando suficientemente hacia el pasado, debemos llegar a un punto en que el planeta era una esfera de roca derretida, y podemos estimar el tiempo transcurrido a partir de ese momento. Si consideramos que la única fuente interna de energía es el re-acomodo gravitacional de las sustancias que componen la Tierra, en el sentido de que las más densas se mueven hacia el centro generando calor por fricción en su "caída", es posible calcular aproximadamente la edad de la Tierra a partir de la velocidad de producción de calor y de la conductividad térmica de la corteza terrestre.

Para Darwin resultó imposible ajustar a un período tan corto la aparición del total de especies que han existido, aunque se resistió a modificar sus argumentos para obtener la reducción temporal que el análisis de Kelvin requería. Sin embargo, algunos darwinistas notables como Thomas Huxley y Alfred Wallace aceptaron la cota de ochenta millones de años calculada por Kelvin, y manifestaron su convicción de que la evolución por selección natural había ocurrido más rápidamente de lo estimado hasta entonces.

Hasta el final de su vida Darwin sospechó que había algún error en el argumento de Kelvin, y tampoco en esto falló su instinto científico. El error se descubrió a principios de este siglo, y consistió en considerar al re-acomodo gravitacional de sus componentes como la *única* fuente de energía interna en la Tierra. Existe otra, constituida por el decaimiento de los núcleos radioactivos que contiene. Tomándola en cuenta, un cálculo análogo al de Kelvin magnifica considerablemente la edad del planeta, de ochenta a varios miles de millones de años, un intervalo más que suficiente para permitir la acción de la selección natural con resultados congruentes con el número y diversidad de las especies terrestres.

La corrección de la falla en el argumento de Kelvin tuvo que esperar hasta el descubrimiento de la radioactividad a finales del siglo pasado, consistente en la fragmentación de núcleos atómicos pesados con la liberación de una gran cantidad de energía cinética en cada evento. Los nuevos resultados sobre la edad de la Tierra se conocieron cerca de treinta años después de la muerte de Darwin. En su tiempo la noción de una Tierra relativamente joven, basada en el análisis físico de un personaje con la reputación de Kelvin, significó una persistente nube negra en el horizonte de la selección natural como mecanismo de evolución.

La edad de la Tierra, calculada tomando en consideración la fuente energética representada por las desintegraciones radioactivas, fue verificada empíricamente a través de la medición directa de la abundancia de los núcleos producidos por las desintegraciones mencionadas. De acuerdo con este cronómetro, desarrollado por Lord Rutherford y colaboradores durante las dos primeras décadas del siglo, la edad de las rocas superficiales más antiguas halladas hasta ahora es cercana a 4 000 000 000 de años,[1] los cuales representan una cota inferior para la edad terrestre, estimada en 5 000 000 000 de años basándose en un análisis similar de meteoritos, cuya antigüedad se supone comparable con la del sistema solar, y por lo tanto con la de nuestro planeta.

La evidencia de los fósiles

Los fósiles representan nuestra evidencia más sólida sobre la mutabilidad de las especies. La mayoría de ellos son restos de organismos inexistentes en la actualidad. Además, dado que muchas de las especies hoy presentes no aparecen entre los fósiles conocidos, ello implica que el mecanismo de creación de unas especies y extinción de otras debe operar continuamente. Darwin propuso que el efecto de la selección natural es gradual, es decir, extremadamente lento, y que conduce a cambios pequeños en los organismos. Esta continuidad debe estar reflejada en los fósiles: dadas dos morfologías representadas en ellos, esperaríamos encontrar una progresión de formas intermedias.

La realidad es que los fósiles conocidos sí presentan "saltos", o sea,

[1] D. York, "The Earliest History of the Earth", *Scientific American* **268**, núm. 1, enero de 1993, pp. 82–88.

cambios bruscos y notables en su forma, abundancia y diversidad. Si suponemos que los fósiles descubiertos a la fecha constituyen una muestra estadísticamente adecuada de las especies que han existido en el pasado, se tendrían entonces largos periodos de escasa variación (del orden de decenas o centenares de millones de años), separados por episodios de cambio acelerado relativamente cortos, al grado de que resulta difícil cuantificar su duración a partir de los sedimentos geológicos donde se les encuentra.

La discontinuidad más evidente es la que marca el inicio del periodo Cámbrico, hace aproximadamente 600 000 000 de años. En los estratos sedimentarios previos a ella los fósiles son escasos y provienen generalmente de organismos unicelulares. En los estratos contiguos posteriores la cantidad y diversidad de los fósiles aumenta espectacularmente, siendo la mayoría de ellos de organismos multicelulares. Otra discontinuidad famosa es la que corresponde a la extinción de los dinosaurios hace unos 65 000 000 de años.

Darwin sugirió que los saltos observados en los fósiles son sólo aparentes, y que se originan en la precariedad estadística de la muestra que constituyen: no todas las especies han dejado fósiles, y el conjunto de los conocidos es estadísticamente inadecuado por su pequeñez. Este argumento satisfizo a los partidarios de Darwin, pero no a sus oponentes, quienes insistieron en la veracidad de los saltos y en la dificultad que representaban para uno de los elementos relevantes del darwinismo.

En nuestros días, más de un siglo después de que Darwin confrontó el problema de las discontinuidades en el registro de los fósiles, la dificultad persiste: se han encontrado muchos fósiles más, los cuales continúan mostrando largos intervalos de escasa variación, separados por cortos episodios de rápido cambio. En 1972, Eldredge y Gould[2] propusieron el concepto de "equilibrio puntuado", de acuerdo con el cual la evolución está caracterizada por largos intervalos de estabilidad, durante los cuales se generan y extinguen pocas especies, separados por cortos periodos de cambio acelerado, provocados por la desestabilización del sistema biológico global debido a modificaciones radicales en el ambiente. Ejemplos de tales modificaciones radicales del entorno serían posibles variaciones en la temperatura de la biósfera debido a fluctuaciones en la luminosidad solar, y la transición ocurrida hace aproximadamente 2 000 000 000 de años, de una atmósfera reductora a una rica en oxígeno.

Conocemos aún muy superficialmente el comportamiento fisicoquí-

[2] N. Eldredge y S. J. Gould, "Punctuated Equilibria: An Alternative to Phyletic Gradualism", en T. J. M. Schopf (comp.), *Models in Paleobiology*, Freeman Co., San Francisco, 1972, pp. 82–115.

mico de las macromoléculas[3] y en especial del complejo genético, formado por la molécula de ADN y sus proteínas estructuralmente asociadas. Es posible que el complejo molecular genético sea muy estable, pero que bajo el efecto de ciertos estímulos ambientales se desestabilice, produciendo con frecuencia elevada recombinaciones novedosas,[4] que serían la causa del incremento en variabilidad requerido por la teoría de Eldredge y Gould.

Como veremos en el capítulo IV, esto es precisamente lo que se ha observado con el genoma de la bacteria *Escherichia coli*, cuya frecuencia de mutación aumenta en varios órdenes de magnitud[5] bajo condiciones ambientales que provocan estrés metabólico, como la escasez de alimento o los cambios drásticos de temperatura. Sin embargo, esta observación no provee una base molecular suficiente para explicar la aceleración de la diversidad requerida por Eldredge y Gould, pues se refiere solamente a una especie particular de organismos unicelulares, y habría que demostrar que un mismo estímulo externo es capaz de desestabilizar simultáneamente los genomas de individuos pertenecientes a muchas especies, unicelulares y multicelulares.

La propuesta original de Eldredge y Gould fue hecha dentro del contexto darwiniano, contradiciendo sólo el gradualismo de su teoría de evolución, ciertamente uno de sus elementos importantes, pero no esenciales. La posición original de estos autores ha variado bastante desde la aparición de su primer trabajo sobre el tema, y aunque siguen considerando a su teoría dentro del esquema darwiniano, enfatizan ahora las diferencias más que las analogías de sus ideas con el darwinismo ortodoxo.[6]

¿El huevo, o la gallina?

La teoría de Eldredge y Gould requiere que la frecuencia de las mutaciones sea modulada por factores externos. Ello implica que el comportamiento del genoma en su aspecto hereditario sea influenciado por el medio, lo que abre la posibilidad de "mutaciones dirigidas" por el entorno y, por lo tanto, de la herencia de caracteres adquiridos. Ésta

[3] Véase por ejemplo E. I. Shakhnovich y A. M. Gutin, "Implications of Thermodynamics of Protein Folding for Evolution of Primary Sequences", *Nature* **346**, 1990, pp. 773–775.

[4] B. McClintock, "The Significance of Responses of the Genome to Challenge", *Science* **226**, 1984, pp. 792–801.

[5] Potencias de diez.

[6] N. Eldredge, *Time Frames: The Rethinking of Darwinian Evolution and the Theory of Punctuated Equilibria*, Heinemann, Londres, 1986.

es la proposición central del lamarckismo.[7] Resulta irónico que esta teoría, tras haber sido erradicada del pensamiento evolucionista por la de Darwin, al precio de prolongadas batallas intelectuales libradas a finales del siglo pasado y principios del presente, retorne en nuestro tiempo a través de la "puerta trasera", usando canales abiertos por el trabajo de investigadores darwinistas.

El conflicto de las ideas de Eldredge y Gould con la teoría de Darwin podría minimizarse demostrando que sólo la velocidad *global* de las mutaciones es afectada por el medio, y no sus frecuencias relativas. La contradicción que no puede aminorarse es la resultante entre la noción de equilibrio puntuado y la versión weissmanniana de la selección natural.

De acuerdo con el biólogo alemán August Weissmann (1834–1914),[8] los seres vivos constan de dos aspectos diferenciados, uno somático y el otro reproductivo al cual llamó "plasma germinal", que correspondería al genoma en el lenguaje actual. Según su teoría, la esencia del estado viviente está representada por su aspecto reproductivo, mientras que el somático desempeña un papel subordinado: suministra un ambiente bioquímico adecuado para el plasma germinal, y es descartado después de que dicho plasma se renueva o multiplica a través de la reproducción. La continuidad del estado viviente equivale entonces a la del plasma germinal, desde el primer sistema vivo hasta los organismos de la actualidad.

El plasma germinal evoluciona de acuerdo con sus propias reglas, usando al cuerpo como instrumento de interacción con el ambiente. Las instrucciones hereditarias irradian de él hacia el entorno sin ninguna retroalimentación. La paradoja sobre qué existió primero, el huevo o la gallina, se resuelve en favor del primero: la gallina viene a ser el vehículo utilizado por un huevo para fabricar otro huevo. Un esquema de tal rigidez no admite ningún tipo de modulación de las mutaciones por factores ambientales. No puede coexistir en medida alguna con la teoría de Eldredge y Gould, y es contradicho por la evidencia experimental proveniente de los experimentos con *Escherichia coli* que discutiremos en el capítulo IV.

En la actualidad, el punto de vista de Weissmann permea muchos de nuestros conceptos biológicos, y sobrevive explícitamente en el llamado "dogma central" de la biología, según el cual la información sólo fluye en la dirección ADN → ARN → proteínas → ambiente. El dogma central

[7] Lamarckismo: teoría evolutiva de Jean-Baptiste de Monet, barón de Lamarck (1744–1829), a ser considerada más adelante en este capítulo.

[8] A. Weissmann, *The Germ Plasm: A Theory of Heredity*, traducción del alemán de W. Parker y H. Ronfeldt, Londres, 1893.

fue enunciado hacia 1960, y en su forma original contradice la evidencia experimental, pues la información sí puede fluir del ARN al ADN en casos como el de la infección de células por los retrovirus, utilizando para hacerlo la enzima reverso–transcriptasa. Sin embargo, hasta ahora no se ha observado ningún caso de flujo inverso de información en los demás eslabones de comunicación entre el genoma y el ambiente.

Otra idea relacionada con el esquema de Weissmann es la del *gene egoísta*, propuesta por Richard Dawkins en un libro con este título.[9] Según esta noción, el genoma constituye una población de genes en interacción, cada uno de los cuales funciona asegurando su permanencia, tanto en la molécula de ADN (a través de la fabricación de copias de sí mismo, por ejemplo), como en el resto del organismo, por medio de las proteínas resultantes de su expresión. Esta visión del genoma lo convierte en un microcosmos darwiniano, donde los genes se diversifican por mutación y compiten entre sí por la supervivencia en la siguiente generación.

En este contexto podemos mencionar también la "teoría neutral de evolución molecular" de M. Kimura y T. Ohta,[10] basada en el hecho de que la variabilidad genética (molecular) es mucho mayor que la fenotípica (de los organismos resultantes), lo que originó su afirmación de que la mayoría de las mutaciones son evolutivamente neutras, en el sentido de que no originan modificaciones anatómicas ni fisiológicas en el individuo, y no están por lo tanto sujetas al filtro darwiniano. De acuerdo con esto la variabilidad de la molécula de ADN debe ser máxima en sus segmentos que no codifican proteínas, pues las mutaciones correspondientes no son eliminadas por ningún mecanismo de selección. Los datos experimentales concuerdan con tal predicción. Sobre la base conceptual de esta teoría se han propuesto "relojes biológicos", que dependen de la acumulación progresiva y uniforme de mutaciones en segmentos determinados del genoma.

Genes y estructuras

De acuerdo con el dogma central de la biología, la información para construir un ser vivo está contenida en el genoma, que constituye su *genotipo*; el organismo resultante de expresar materialmente esta información es su *fenotipo*. En los seres pluricelulares el proceso de creación del fenotipo a partir del genotipo se denomina *embriogénesis*, y su

[9] R. Dawkins, *The Selfish Gene*, Oxford University Press, Oxford, 1976.

[10] M. Kimura, *The Neutral Theory of Molecular Evolution*, Cambridge University Press, Cambridge, 1983. Véase también M. Kimura, *Scientific American* **241**, 1979, 98.

estudio constituye un área de investigación muy activa en la actualidad. La dirección exclusiva ADN (genotipo) → ARN → proteínas → organismo (fenotipo) en el flujo de información, otorga al genoma el papel primordial y se mantiene muy cercana en este sentido al punto de vista originalmente propuesto por Weissmann. La función del ambiente se reduce a modular la expresión del genotipo a través de ciertas restricciones como la disponibilidad de nutrientes, la temperatura, el pH y factores similares.

Desde las pasadas tres décadas ha venido cobrando forma una nueva visión de la embriogénesis, que otorga a los genes y al ambiente papeles esencialmente opuestos a los antes mencionados. Las versiones preliminares a estas ideas provienen del biólogo inglés C. H. Waddington,[11] y su refinamiento ha estado a cargo de asociados y discípulos suyos principalmente.[12] Por la novedad del fenómeno cabe destacar la participación de algunos científicos mexicanos en esta área naciente.[13]

El punto de partida es que la autoorganización es una propiedad fundamental de la materia. Por ejemplo, si disolvemos en agua grandes moléculas de ciertos lípidos, éstas se asocian formando cascarones esféricos llamados coacervados, de estructura similar a la de la membrana celular externa. Un ejemplo más espectacular lo constituyen los ribosomas, complicadas estructuras del citoplasma compuestas de proteínas y ácidos nucleicos donde tiene lugar la síntesis de proteínas. Si disolvemos en agua componentes de ribosomas, se asocian entre sí fracciones de ellos formando ribosomas completos, perfectamente funcionales. La integración observada ocurre espontáneamente, sin intervención externa.

Existen fenómenos de autoorganización que sí requieren interacción con el entorno, en forma de flujos más o menos intensos de materia y/o energía. Al disminuir dichos flujos por debajo de ciertos límites desaparece el estado integrado. Por ejemplo, algunas reacciones químicas se organizan espacial y temporalmente en hermosas espirales divergentes, que persisten mientras la velocidad de reacción sea superior a cierto límite. Cuando el flujo de reactantes y productos cae por debajo de dicho límite las espirales se esfuman y la reacción transcurre de manera amorfa. Fenómenos "disipativos" como éste se han observado en la transmisión de calor entre dos placas a distintas temperaturas sepa-

[11] C. H. Waddington, *Evolution of an Evolutionist*, Cornell University Press, Ithaca, Nueva York, 1975.

[12] Véase por ejemplo B. C. Goodwin, *Journal of Theoretical Biology* **97**, 1982, 43.

[13] G. Cocho, R. Pérez Pascual y J. L. Rius, "Discrete Aspects of Morphogenesis and Gene Dynamics", en B. Goodwin y P. Saunders (comps.), *Theoretical Biology: Epigenetic and Evolutionary Order from Complex Systems*, Edinburgh University Press, Edimburgo, 1989.

radas por un líquido, y en otros sistemas mantenidos lejos del equilibrio termodinámico.[14] Extrapolando a partir de estas observaciones, autores como I. Prigogine[15] proponen que la coherencia espacial y funcional de los seres vivos se mantiene por los flujos de materia y energía que intercambian con su ambiente, los cuales constituyen la causa y el efecto global de su metabolismo. En el esquema resultante los genes sólo servirían como guías de este ordenamiento inducido por los flujos metabólicos, a lo largo de canales específicos para cada ser vivo.

La visión del estado viviente que resulta no es congruente con la "síntesis moderna", pero sólo entra en conflicto con su ingrediente microscópico —representado por el papel primordial asignado a los genes en la noción ortodoxa—, y no propiamente con la teoría de Darwin, que constituye su elemento macroscópico. Aun con genes que sólo restringieran los canales de autoorganización de la materia, los seres vivos seguirían presentado diversidad, originada en mutaciones del genoma, sobre la cual actuaría la selección natural.

SIMBIOSIS

Un esquema de evolución basado en el conflicto, y que conduce a la supervivencia de los mejor adaptados, no puede acomodar el fenómeno de la simbiosis de una manera simple. La simbiosis consiste en la asociación cooperativa de dos o más organismos, que complementan sus funciones y mejoran con ello su adaptación al medio. El grado de simbiosis varía desde la unión temporal de organismos capaces de vivir aisladamente, hasta la compenetración permanente de individuos que serían incapaces de sobrevivir por separado. Un ejemplo del primer caso lo ofrecen los hongos de la especie *Dictyostelium discoideum*, los cuales viven como células independientes en medios ricos en nutrientes, y se asocian en colonias similares a babosas en condiciones de estrés provocadas por la escasez de alimentos.[16] Dichas colonias se comportan mecánica y fisiológicamente como organismos pluricelulares, y las células en ellas realizan labores especializadas de alimentación, locomoción, reproducción, etc. En el extremo opuesto están los líquenes, resultantes de la unión entre un alga y un hongo, tan estrecha que ninguno de estos organismos puede sobrevivir individualmente en el medio habitado por el liquen que integran.

[14] Véase por ejemplo G. Nicolis y I. Prigogine, *Self-Organization in Non-Equilibrium Systems*, Wiley Interscience, Nueva York, 1977.

[15] *Op. cit.*

[16] B. Alberts, D. Bray, J. Lewis, M. Raff, K. Roberts y J. Watson, *Molecular Biology of the Cell*, Garland Publishing, Nueva York, 1983, pp. 676–678.

Entre los dos extremos anteriores existen incontables ejemplos de simbiosis, generalmente tan sutiles e ingeniosos que sólo conocemos una fracción seguramente pequeña del total. De hecho algunas simbiosis son indispensables en la biósfera. Nuestra digestión de alimentos, por ejemplo, requiere la presencia de la bacteria *Escherichia coli* en el tubo digestivo. Sin la simbiosis de la bacteria *Rhizobium* con muchas plantas, especialmente las leguminosas, sería imposible la fijación del nitrógeno atmosférico, por lo que, incapaces de sobrevivir, dejarían sin base la gran pirámide alimenticia de la vida terrestre. En un nivel aun más fundamental, la evidencia parece indicar que las células eukariotas[17] provienen de la fusión simbiótica de bacterias especializadas ya sea en la acumulación y replicación de material genético, en la oxidación de azúcares, o en la fotosíntesis. Estas bacterias serían precursoras de los organelos celulares de la actualidad: el núcleo celular, mitocondrios y cloroplastos, respectivamente.[18]

El fenómeno de simbiosis no entra necesariamente en conflicto con el mecanismo darwiniano de selección natural, pues a través de ella los participantes mejoran su adaptación al medio y aumentan sus probabilidades individuales de supervivencia. De acuerdo con esta interpretación, la simbiosis constituye una estrategia más en la lucha por la existencia. Sin embargo, en años recientes se ha considerado la posibilidad contraria, esto es, que la simbiosis ocupe el lugar central en la biósfera, y que la lucha por la existencia sea en realidad un mecanismo subordinado, correspondiente al periodo experimental de ajuste entre organismos, preludio de simbiosis futuras en los casos afortunados.[19]

Altruismo

El altruismo biológico consiste en el comportamiento de individuos pertenecientes a ciertas especies, que conduce a la supervivencia de *otros* miembros de la población. Un ejemplo lo dan las aves que alertan a sus congéneres sobre la presencia de algún depredador, aun al costo de exponerse a la destrucción. En colonias de insectos, donde sólo la reina y los machos participan en la reproducción, los demás miembros arriesgan y frecuentemente pierden la vida en situaciones de peligro para el grupo. Recientemente se han descubierto casos de mamíferos

[17] Células con núcleo.
[18] L. Margulis, "Symbiosis and Evolution", *Scientific American* **225**, 1971, pp. 48–57.
[19] L. Thomas, *The Lives of a Cell*, Bantam Books, Nueva York, 1979. Véase también el capítulo VIII de este libro sobre la hipótesis Gaia.

que forman colonias donde el altruismo desempeña también un papel esencial.[20]

Este comportamiento se antoja diametralmente opuesto a la selección natural, que conduce a la competencia entre individuos y a la supervivencia de los triunfadores. Mereció por tanto la atención de Darwin en *El origen de las especies.* La solución que propuso a esta contradicción se basa en una extensión de su teoría original, según la cual en colonias de insectos la selección natural, al actuar sobre individuos, lo hace también sobre la estructura que forman, a través de la contribución de ellos al funcionamiento del sistema. Al arriesgar la vida en bien de la colonia, un miembro determinado coopera para lograr la permanencia del grupo al que pertenece, y mejora indirectamente la probabilidad de su propia supervivencia.

A mediados de los años sesentas William Hamilton, actualmente en la Universidad de Oxford, construyó un modelo genético con base en la sugerencia anterior de Darwin.[21] De acuerdo con Hamilton, ayudando a sus padres a criar más hijos, algunos de los cuales llegarán a reproducirse, los miembros de castas infértiles incrementan su representación genética en la siguiente generación, en mayor medida que si intentaran reproducirse individualmente. Para ilustrar el mecanismo de Hamilton usaremos como ejemplo las colonias de abejas, donde el sexo de los miembros se determina por un mecanismo llamado *haplodiploidia.* Los machos, que participan en la reproducción, se desarrollan a partir de huevos no fertilizados, por lo que contienen sólo un conjunto de cromosomas: son *haploides.* Las hembras, que no participan en la reproducción (exceptuando a la reina), se desarrollan a partir de huevos fertilizados, por lo que reciben una dotación de cromosomas de la madre y otra del padre: son *diploides.* Debido a este mecanismo de determinación de sexos, dos abejas hermanas en promedio coinciden en 3/4 de sus genes (*cf.* figura II.1). Análogamente, una madre (la reina) y sus hijas tienen en común la mitad de sus genes, y hermanos y hermanas sólo un cuarto de ellos. Entonces, si una abeja infértil coopera en la crianza de hermanas, obtiene una representación genética mayor en la siguiente generación que si criara hijas suyas.

Según la teoría de Hamilton el altruismo es sólo aparente, y constituye una estrategia de supervivencia para el banco genético[22] de la siguiente generación, lográndose un resultado idéntico al obtenido con

[20] P. Sherman, J. Jarvis y S. Braude, "Naked Mole Rats", *Scientific American* **267**, núm. 2, 1992, pp. 42–48.

[21] R. Trivers y H. Hare, "Haplodiploidy and the Evolution of the Social Insects", *Science* **101**, 1976, pp. 249–263.

[22] Banco genético: conjunto de todos los genes en una población.

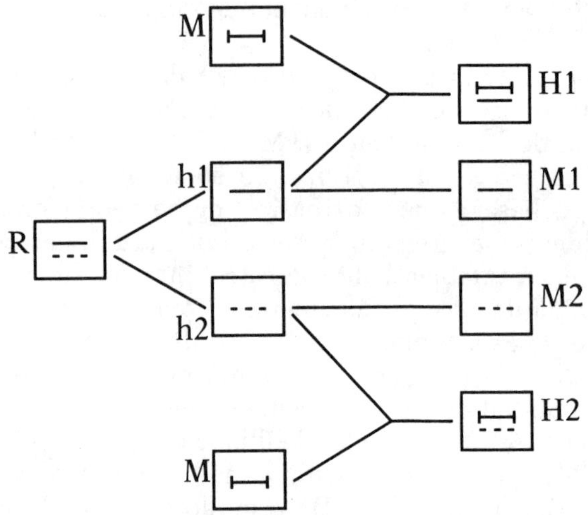

FIGURA II.1. *Haplodiploidia.* La reina (R) es diploide: tiene dos conjuntos de cromosomas (líneas dentro del rectángulo), que transmite por separado a sus huevos (h_1 y h_2), los cuales, sin ser fertilizados, dan lugar a organismos machos haploides de dos tipos (M_1 y M_2). Cuando son fertilizados por un macho (M), resultan hembras (H_1 y H_2), diploides. Ya que una mitad de las hijas son de tipo H_1 y la otra de tipo H_2, dos hembras hermanas coinciden en promedio en 3/4 de sus genes: todos los del padre común (M), y la mitad de los de la madre (R). La reina y cada una de sus hijas coinciden en promedio en la mitad de sus genes, y un macho (M_1 o M_2) coincide con una hembra hermana suya (H_1 o H_2) en sólo un cuarto de los genes de estas últimas.

la lucha individual por la existencia. Parecería entonces acomodar a este fenómeno dentro de la síntesis moderna de la genética y la teoría de Darwin. Es necesario, sin embargo, enfatizar que constituye una extensión de las ideas originales de Darwin, pues el criterio de mérito de los triunfadores deja de ser su representatividad en la próxima generación, medida por medio de su progenie directa. Lo relevante ahora es su contribución al banco genético futuro de la población, conseguida ya sea directamente por individuos fértiles, o indirectamente a través de las castas reproductivas, en el caso de organismos estériles que exhiben comportamiento social.

LAMARCKISMO

En 1809 Jean-Baptiste de Monet, barón de Lamarck, publicó un libro titulado *Filosofía Zoológica*,[23] en el que construye una teoría de evolución basada en la adaptación de los individuos por medio de la transmisión hereditaria de caracteres morfológicos favorables a su supervivencia, adquiridos en el proceso de interacción con el ambiente. Un ejemplo frecuentemente citado del mecanismo lamarckiano en operación lo constituye el cuello de la jirafa. En un hábitat que ofreciera comida en el follaje de árboles y arbustos, los seres mejor adaptados serían aquellos con cuellos más largos. El ejercitamiento constante en la búsqueda de alimento produciría cuellos que crecerían a lo largo de la vida de los individuos. La hipótesis central de Lamarck es que dicha elongación del cuello se transmite por herencia a la siguiente generación, dando lugar finalmente a las jirafas con largos cuellos que ahora conocemos. Sus ancestros incapaces de lograr un alargamiento suficiente en el pasado habrían sucumbido por desnutrición.

A pesar de las similitudes superficiales con el mecanismo darwiniano, en cuanto a la existencia de un filtro en el ambiente que elimina a los individuos pobremente adaptados, el esquema de Lamarck es profundamente distinto, pues requiere un sólo elemento motor de la evolución: el entorno, mientras que la teoría de Darwin necesita dos: una fuente espontánea de diversidad y un sumidero (representado por la selección natural).

Según el esquema de Lamarck, el ambiente puede *modificar* caracteres ya existentes en un ser determinado, pero es incapaz de *producir* nuevos órganos o atributos, por lo que su potencial como agente evolutivo es muy limitado comparado con el del mecanismo de Darwin. Si el ambiente se mantuviera estacionario la evolución se detendría de acuerdo con las ideas de Lamarck, mientras que seguiría operando según la teoría de Darwin, dada la persistencia de la fuente de mutaciones. Utilizando un lenguaje molecular, en el esquema darwiniano la información fluye en el sentido genoma → proteínas → ambiente,[24] mientras que en el lamarckiano lo hace en la dirección opuesta.

Los vaivenes de popularidad del lamarckismo han sido violentos a lo largo de su existencia. El consenso actual es que está "muerto y sepultado". Sin embargo, como muestran las interpretaciones propuestas de resultados experimentales que discutiremos en el capítulo IV, el retorno de alguna forma atenuada de lamarckismo puede estar cercano. Resulta además interesante que no es raro sorprender a darwinistas

[23] J. B. Lamarck, *Zoological Philosophy*, Haffner, Nueva York, 1963.

[24] "Dogma central" de la biología contemporánea.

jurados con la guardia baja, utilizando un lenguaje lamarckista. Esta notable persistencia de las ideas de Lamarck debe tener entonces una raíz profunda, quizá en la medida de causalidad que rescatan al asignar un papel director al ambiente, y en el sentido de finalidad que adquiere la evolución, al detenerse tras la perfecta adaptación a un medio estacionario.

Mendelismo

Hacia la mitad de este siglo, la versión moderna de la teoría de evolución por selección natural resultó de la síntesis del argumento macroscópico de Darwin, con la noción microscópica que señala a la molécula de ADN como responsable de la herencia, y a sus transformaciones como el origen de la variabilidad en las poblaciones. Esta visión genética de la herencia tiene sus raíces en el trabajo de Gregor Mendel sobre la transmisión hereditaria de ciertos caracteres, como altura de las plantas y forma de las semillas en chícharos.[25]

Mendel realizó sus experimentos a mediados del siglo pasado y publicó los resultados en 1865 en la revista de la sociedad naturalista de su natal Moravia (hoy parte de la flamante República Checa). Su trabajo fue entonces contemporáneo con el de Darwin, y sin embargo la interacción entre estas dos corrientes de ideas tuvo lugar hasta los inicios de este siglo, con el redescubrimiento de sus resultados en Inglaterra y Francia.

Durante casi cuatro décadas su hallazgo fue totalmente ignorado por el medio científico. Se ha argumentado que la falta de atención a su decubrimiento se debió a que fue publicado en una obscura revista de la periferia del mundo académico, al carácter modesto del autor, o al desusado rigor matemático que utilizó en el análisis. Lo cierto es que su artículo fue conocido desde el inicio por algunos naturalistas ingleses, pues hay referencias esporádicas sobre él en publicaciones de esa época. Mendel estaba, además, en contacto con un biólogo notable de su tiempo, Carl von Nägeli, quien le comunicó que sus resultados eran de poca importancia y le sugirió dedicarse a otros problemas de investigación, que resultaron intratables con la herramienta científica de aquel entonces. Otra versión, quizá más acertada, es que su trabajo se había "adelantado a su tiempo", en el sentido de que no resultaba posible relacionarlo con paradigmas contemporáneos, lo que lo convertía en poco más que una curiosidad científica.[26]

[25] G. Mendel, *Experiments on Plant Hybridization*, Harvard University Press, Cambridge, Massachusetts, 1965.

[26] G. Stent, *Prematurity and Uniqueness in Scientific Discovery*, en *Scientific Genius*

La interacción inicial entre genética y darwinismo fue hostil. Su conflicto más profundo proviene del gradualismo evolutivo propuesto por Darwin, de acuerdo con el cual la selección natural actúa muy lentamente, sin saltos, produciendo cambios apreciables sólo a muy largo plazo, por la acumulación de innumerables modificaciones minúsculas de los organismos. Lo que Mendel descubrió parecía indicar precisamente lo contrario, la herencia de características morfológicas completas, sin mezcla de ellas cuando los dos individuos progenitores poseían caracteres distintos. Por ejemplo, observó que hibridizando dos tipos de plantas de chícharos, altas y bajas, las resultantes eran todas altas. En la segunda generación autofertilizó los miembros de la primera y obtuvo plantas altas y bajas en la famosa proporción 3:1. Nunca observó la aparición de plantas de altura intermedia. Considerando otras características, como la colocación de las flores en el tallo y la textura de las semillas (lisa o rugosa), detectó el mismo comportamiento estadístico.

Mendel interpretó sus resultados en términos de la existencia de dos factores hereditarios asociados con cada propiedad morfológica del individuo. Propuso que uno de dichos factores provenía de cada progenitor, y que al juntarse en la reproducción solamente uno de ellos (el *dominante*) se expresaba. De esta manera pudo obtener el comportamiento aritmético observado en las poblaciones de chícharos que estudió. Si llamamos A al factor asociado con el carácter alto de las plantas, y B al correspondiente a las plantas bajas, la hibridización de individuos con la dotación AA (uniformemente altos, a través de muchas generaciones), con organismos BB (bajos), producirá las combinaciones AB en los organismos resultantes, por lo que si el factor A es dominante, todos ellos serán altos. En la segunda generación, al fertilizar plantas AB consigo mismas, se obtendrán las combinaciones AA, AB, BA y BB en proporciones similares. Debido al carácter dominante del factor A, las combinaciones AB y BA originarán plantas altas, por lo que sólo los individuos BB serán bajos, obteniéndose así la relación 3:1 de miembros altos a bajos en la población.

Por lo tanto la herencia involucra saltos, y una de las proposiciones básicas del esquema de Darwin parece ser contradicha por este experimento. Esto dió lugar a que durante las primeras tres décadas del presente siglo la genética, o más precisamente el mendelismo, se presentara como una alternativa al darwinismo, y no como una visión complementaria del mismo. Thomas Morgan, geneticista célebre por

and Creativity, Readings from Scientific American, W. H. Freeman and Co., Nueva York, 1982.

sus descubrimientos con la mosca de la fruta[27] (*Drosophila melanogaster*), inició su carrera como mendelista y antidarwiniano, y cambió su posición, gradualmente, a medida que sus observaciones sobre las mutaciones en las moscas le indicaban que se cumplía el mecanismo casi continuo propuesto por Darwin: aunque era capaz de producir mutaciones espectaculares, como moscas con patas en lugar de antenas y quimeras semejantes, prácticamente ninguno de estos "monstruos" sobrevivía o dejaba descendientes. Eran, desde el punto de vista evolutivo, meras curiosidades intrascendentes. J. B. S. Haldane, quien realizó notables contribuciones a la teoría matemática de poblaciones, escribió en 1932 al inicio de un libro suyo sobre la teoría genética de evolución: "El darwinismo está muerto —un sermón, cualquiera".[28]

La reconciliación entre mendelismo y darwinismo durante la cuarta década del presente siglo, hecho que constituyó la llamada "síntesis moderna" sobre evolución, requirió importantes refinamientos en nuestra idea de la relación entre factores hereditarios microscópicos (genes), y las características morfológicas de los organismos. La primera observación importante es que no existe una correspondencia uno a uno entre estos dos elementos biológicos. Generalmente son varios los genes que contribuyen a un mismo carácter morfológico. Mendel fue certero y afortunado en la elección de características para sus estudios de la herencia, en el sentido de que ninguna de ellas dependía de genes implicados en la determinación de otras propiedades utilizadas en el estudio. Aunque las contribuciones de genes individuales al organismo resultante de la embriogénesis están "cuantificadas", el efecto combinado de varios de ellos sobre una misma característica da lugar a un rango prácticamente continuo de posibilidades en la morfología del embrión, con lo que se recupera el gradualismo de Darwin.

Dada la dificultad para definir de manera inequívoca caracteres morfológicos de los organismos, y debido a la multiplicidad de genes que contribuyen a una propiedad determinada, para definir a estos últimos se utiliza en la actualidad la correspondencia entre genes y las proteínas que generan. Originalmente se definió a un gene como la porción de la molécula de ADN que da lugar a una enzima determinada. Esta descripción no resultó satisfactoria, pues a mediados de la década de los setenta se descubrió que los sectores del ADN que originan enzimas rara vez son continuos en células eukariotas, sino que tienen segmentos intercalados (intrones) que no participan en la codificación de la

[27] Se trata en realidad de la mosca del vinagre; "mosca de la fruta" es traducción literal de *fruitfly*, el nombre utilizado en inglés.

[28] J.B.S. Haldane, *The Causes of Evolution*, Cornell University Press, Ithaca, Nueva York, 1966.

proteína. A los segmentos que sí contribuyen a la codificación de la enzima se les llamó exones, y se observó posteriormente en el genoma de algunos virus que los exones pueden combinarse de múltiples maneras, originando así varias proteínas a partir de la misma porción de ADN. No existe en la actualidad una definición satisfactoria del gene; nos bastará en este trabajo con la basada en la correspondencia gene–proteína, excepto en aquellos casos donde su imprecisión pudiera obscurecer el análisis.

El origen de las especies

El retraso de veinte años en la publicación de *El origen de las especies* se debió fundamentalmente al deseo de su autor de volver incontrovertibles sus afirmaciones debido a la firmeza de su base empírica. Irónicamente, un tema sobre el cual le resultó imposible aportar evidencia experimental directa fue precisamente el origen de las especies. Se limitó en este aspecto a una discusión detallada de las variedades obtenidas por la cruza artificial de "razas" pertenecientes a una especie determinada. Analizó los fósiles a la luz de su teoría, y mostró el poder unificador de la misma en ese contexto. Con fundamento en sus observaciones como naturalista, especialmente las realizadas con pinzones de las islas Galápagos durante su viaje de exploración en el *Beagle*, enfatizó la importancia de factores geográficos en el aislamiento de variedades, y propuso además que la selección natural genera especies muy lentamente, lo cual impide documentar la aparición de una nueva en tiempos comparables con el intervalo de vida de un experimentador.

Sus críticos señalaron de inmediato el carácter incompleto de este argumento, e insistieron en que sólo podría considerarse resuelta la cuestión en favor de la teoría de Darwin con la presentación por los testigos de una especie generada por selección natural. Esta posición de rechazo se endureció tan pronto el asunto involucró el origen de *Homo sapiens*. En relación con este aspecto flaquearon incluso algunos de los darwinistas más connotados. Wallace mismo concluyó que la aparición del hombre había requerido interferencia divina en el proceso evolutivo. Lyell nunca fue un gran entusiasta de la selección natural, e insistió en uno de sus libros[29] en que el fenómeno humano había requerido un salto cualitativo en su evolución, suficiente para colocar a la vida en un nuevo plano. Darwin comentó que este pasaje en el libro de su amigo Lyell le había arrancado un gemido.

El punto de vista actual sobre este problema es cercano al adoptado

[29] C. Lyell, *Geological Evidences of the Antiquity of Man*, AMS Press, Nueva York, 1973.

originalmente por Darwin. El método científico no puede aplicarse con el mismo rigor en todos los contextos posibles. Hay proposiciones científicas basadas en evidencia experimental necesariamente indirecta. Esta situación se presenta por ejemplo en relación con teorías cosmológicas, en las que por definición resulta imposible alterar las condiciones iniciales del problema. Los resultados experimentales en cosmología son por lo tanto extrapolaciones hacia el pasado o el futuro, y a todo el universo, de observaciones realizadas en espacios y tiempos conmensurables con las escalas humanas. Teorías como la tectónica de placas[30] pertenecen a esta misma clase, pues sólo pueden hallar apoyo en su consistencia lógica y en la corroboración de sus predicciones sobre los continentes, tales como el orden de magnitud de sus velocidades relativas, sus correspondencias geométricas, las concordancias en su estructura geológica y distribución de fósiles, y resultados semejantes. Es imposible realizar experimentos directos sobre el movimiento de las placas tectónicas dada la enormidad de las cantidades de materia y de las fuerzas y tiempos involucrados, en relación con la capacidad humana para modificar estos parámetros.

[30] También llamada "deriva continental".

III. EL ORIGEN DEL HOMBRE

DARWIN dedicó en *El origen de las especies* una sola frase al probler a de la evolución humana, indicando que podía analizarse por medio de su teoría. Fue más que suficiente para desatar la tormenta.[1]

Su teoría no sólo despoja a la divinidad de casi todos sus atributos en relación con el origen del hombre y de sus códigos de conducta. El hombre mismo pierde su lugar como creatura especial en el cosmos. La amoralidad del esquema de Darwin lo deja sin lineamientos para definir el bien y el mal. Si tradicionalmente lo afligía la dificultad de conectar la imagen de un dios perfecto y bondadoso con la existencia del sufrimiento, en la visión darwiniana descubría la indiferencia del entorno respecto a su destino. El sentimiento de orfandad resultante se tradujo desde temprano en una vehemencia notable en el rechazo de las ideas de Darwin. Si los partidarios no escatimaban superlativos para calificar sus méritos, los oponentes parecían aún menos propensos a la moderación al manifestar su inconformidad, utilizando estrategias que iban desde la argumentación científica, filosófica y religiosa, hasta la elevación de los enemigos de Darwin, la negación o disminución de su contribución al tema, y artificios similares.

Darwin no disfrutaba las polémicas. En cierta ocasión comentó que le resultaba ininteligible cómo podían algunos argüir en público al estilo de los oradores. Tuvo sin embargo la fortuna de contar, desde la aparición de su teoría, con un aliado extraordinario: Thomas Huxley. El mismo que exclamó tras su lectura de *El origen de las especies* que le parecía estúpido no haber pensado en ese mecanismo antes que el autor. Para Huxley no eran en absoluto ininteligibles las polémicas; gozaba con ellas. El influyente periódico *Times* de Londres le encargó una revisión del recientemente publicado libro de Darwin y él escribió elogiosamente sobre su esquema evolutivo. A partir de entonces se convirtió en el "bulldog de Darwin", el pararrayos que canalizaba a tierra los ataques más furibundos contra la teoría.

[1] Darwin analizó el tema de la evolución humana en un libro posterior (C. Darwin, *El origen del hombre y la selección en relación al sexo*, Editorial Diana, México, 1977), publicado doce años después de *El origen de las especies*. Su influencia, en relación con el problema específico del origen del hombre, ha sido considerablemente menor que la de su obra principal.

Hombres y monos

Para ilustrar la intensidad de los sentimientos involucrados describiremos dos episodios famosos sobre la relación del hombre con las "especies inferiores" (una frase carente de significado en el contexto darwiniano). Seguramente pocos hemos escapado de un arrebol en el rostro al observar el comportamiento de gorilas, chimpancés y orangutanes, especialmente cuando muestran algunas de nuestras actitudes recónditas. No es de extrañar entonces que los argumentos iniciales de rechazo a la teoría darwiniana se concentraran en su implicación de parentesco entre humanos y simios.

El primer episodio se refiere a la confrontación pública entre Thomas Huxley y el obispo anglicano Samuel Wilberforce, oponente obstinado y habilidoso de las ideas de Darwin. Durante una reunión de la Asociación Británica para el Avance de la Ciencia, algunos meses después de la aparición de *El origen de las especies*, Wilberforce coronó su intervención contra la teoría de evolución ahí expuesta preguntándose por qué lado de sus ancestros habría adquirido Huxley parentesco con el mono, si por el de su padre o el de su madre. Huxley, quien ocupaba uno de los asientos al fondo del auditorio, se volvió hacia su vecino y le comentó: "Dios lo puso en mis manos". Acto seguido tomó la palabra y contestó al obispo que, si le fuera dado elegir su parentela entre un mono y un hombre que utilizaba sus considerables dotes intelectuales para atacar mañosamente ideas que no comprendía, él se inclinaría por el mono. Para juzgar correctamente la rudeza del lenguaje empleado hay que recordar que el diálogo entre estos personajes tuvo lugar en plena época victoriana, cuando las convenciones sociales obligaban a utilizar eufemismos, aun en situaciones perfectamente inocentes según los estándares actuales.

El llamado "juicio del mono"[2] tuvo lugar en los años veinte en Tennessee, Estados Unidos, donde John Thomas Scopes, profesor de educación secundaria, fue procesado por enseñar evolución biológica en su escuela. Su acusador era un político fundamentalista y su defensor un abogado agnóstico. De acuerdo con una ley aprobada en esa época en Tennessee, Scopes fue hallado culpable y multado. Irónicamente, el episodio constituyó un triunfo para los evolucionistas, pues el juicio recibió gran atención por parte de la prensa y significó el ridículo nacional de los fundamentalistas. Fue sin embargo una victoria pírrica para los primeros, pues a partir de entonces, en aras de evitar temas controvertidos, los editores de libros de biología eliminaron de sus textos los

[2] *Monkey trial*, en inglés; en el idioma original la frase denota también un juicio arreglado, una farsa.

capítulos relacionados con el asunto. Durante las décadas siguientes la evolución estuvo ausente en la mayoría de los libros utilizados en escuelas de Estados Unidos, y fue hasta mucho más tarde que, bajo el lema de "un siglo sin Darwin es suficiente", propuesto por un biólogo, se inició una campaña para reintroducir el estudio de la evolución en el programa escolar de ese país.

Un intento notable de reconciliar los preceptos cristianos con la teoría de evolución de Darwin se debe al sacerdote jesuita y paleontólogo Pierre Teilhard de Chardin (1881–1955). Su trabajo científico más importante lo realizó en China, donde participó en el hallazgo del cráneo de "el Hombre de Pekín" *(Sinanthropus pekinensis)*. Sus meditaciones sobre el significado de los homínidos en la evolución humana aparecen en su obra más famosa, *El Fenómeno del Hombre*,[3] donde propone que la evolución por selección natural produjo al hombre como eslabón en un proceso cósmico de espiritualización progresiva de la materia, que culminará con la fusión de las facultades de todas las mentes humanas. Aunque por un lado la idea de progreso de Teilhard de Chardin sea ajena a la visión darwiniana, y por otro su misticismo lo haya distanciado de la jerarquía eclesiástica, que sólo permitió la publicación de su obra de manera póstuma, su trabajo merece atención por la popularidad que adquirió en los años siguientes a su aparición, y porque su tentativa de acercamiento contrasta con la hostilidad imperante en esta área de interacción científica e ideológica.

La Biblia

Prácticamente cada una de las bases conceptuales e implicaciones de la teoría de Darwin entra en conflicto con ideas bíblicas sobre las mismas cuestiones. La posibilidad de *evolución* humana no tiene cabida en el esquema religioso judeo-cristiano. Según el Génesis, el hombre fue creado "a imagen y semejanza" de Dios, por lo que su inmutabilidad descansa sobre la permanencia divina. La creación milagrosa del hombre es contradicha por la teoría de Darwin, que implica un origen común a todas las especies, a través del mecanismo de bifurcación ilustrado en la figura I.2 (p. 20).

El Viejo Testamento distingue al hombre otorgándole un alma, cualidad que no comparte con los demás animales. En el marco de la teoría darwiniana no existe la noción de jerarquía entre especies; el requerimiento de supervivencia es general, y el mismo y riguroso filtro de selección natural se aplica a todos los seres vivos.

[3] P. Teilhard de Chardin, *The Phenomenon of Man*, Collins, Londres, 1959.

El conflicto con los Evangelios es no menos marcado. La ética cristiana, con su énfasis en la virtud de los débiles y pobres de espíritu, y en la compasión que merecen; con su mandamiento de "poner la otra mejilla" como estrategia para evitar el conflicto, contrasta vívidamente con un esquema de lucha perenne, donde la meta de permanencia a largo plazo justifica todos los medios para alcanzarla.

En décadas recientes ha tomado cierto auge en Estados Unidos el "creacionismo" o "ciencia de la creación", un movimiento religioso hostil al darwinismo, basado en una aceptación literal del Génesis. Esto implica admitir que la tierra tiene una edad aproximada de 6 000 años, que las especies aparecieron en su forma actual por un acto milagroso, que fueron acomodadas todas en el arca de Noé, que las rocas sedimentarias provienen del diluvio, etc. Estas afirmaciones contradicen resultados de la física sobre la edad de las rocas, observaciones astronómicas sobre la edad del universo, la evidencia representada por los fósiles, y muchas otras nociones científicas fundamentales. Parecería entonces que, por carecer de una base de argumentación científica, el creacionismo habría sido restringido desde el comienzo al terreno de la ideología o de la fe. Por el contrario, sus ataques al darwinismo ocurren en el terreno científico, usando la estrategia de magnificar y exagerar las polémicas en el seno de la teoría de evolución, para mostrarlas como prueba de su carácter incompleto y transitorio.[4] El objetivo de su campaña es justificar la exigencia creacionista de "igual espacio" para sus ideas en libros de texto y salones de clase.

La táctica de concentrar la atención sobre debilidades reales o imaginarias del evolucionismo, sin exponer sus ideas al escrutinio científico, ha producido algunos triunfos en la forma de leyes estatales en favor de "igual espacio" en los libros de texto para ambas versiones, leyes que han sido hasta ahora declaradas inconstitucionales por la Suprema Corte de ese país. La indiferencia inicial de la comunidad científica ha dado paso a una reacción concertada que empieza a debilitar al creacionismo; sin embargo su impacto global aún puede ser considerable, dada la emergencia reciente de Estados Unidos como potencia evangelizadora.

[4] Véase por ejemplo *La vida... ¿cómo se presentó aquí? ¿por evolución o por creación?*, Watchtower Bible and Tract Society of New York, Inc., Nueva York, 1985. Esta edición, a cargo de una organización religiosa, consta de 2 000 000 de ejemplares, tan sólo en su versión original en inglés.

El contexto filosófico

El contexto filosófico inglés contemporáneo de Darwin resultó en varios aspectos propicio para su teoría. El economista escocés Adam Smith (1723–1790) había abonado el terreno con su famosa obra *La Riqueza de las Naciones*,[5] donde basa la estabilidad económica de la sociedad en la competencia de sus miembros en la arena del mercado. En uno de los párrafos más famosos de su libro afirma que, como participante en el mercado, el individuo

> [...] no intenta promover el interés público, ni se imagina la medida en que lo está promoviendo [...]; busca tan sólo su propia seguridad; al canalizar su actividad de modo que su producto tenga el máximo valor, tiene como única meta su propia ganancia; y en éste, y en muchos otros casos, es guiado por una mano invisible a promover un fin completamente ajeno a su intención.

El *utilitarismo* de Jeremy Bentham (1748–1831) aceptaba la noción fundamental de Adam Smith y proponía una política económica de *laissez-faire*,[6] para maximizar el área de acción de los individuos en su búsqueda de provecho. Su código moral descansaba sobre la premisa de que es buena toda acción que incremente la felicidad del máximo número posible de los miembros de la sociedad, y mala toda aquella con el efecto contrario.

La idea de considerar al orden macroscópico como una propiedad emergente del caos microscópico comenzaba también a fructificar en la física. James Clerck Maxwell (1831–1879), otro escocés, había calculado en fecha cercana a la publicación de *El origen de las especies*, propiedades macroscópicas de los gases, tales como su presión y compresibilidad, bajo la hipótesis de que estaban compuestos de moléculas en constante agitación. Por la época que el darwinismo libraba sus batallas mayores para establecerse en el ambiente científico, Ludwig Boltzmann (1844–1906) generalizó las ideas de Maxwell y definió una teoría general de los gases, base de la física estadística actual. Esta ciencia provee un fundamento microscópico para la termodinámica, cuyo objetivo es el estudio de las regularidades macroscópicas de los sistemas que cuentan a la temperatura entre sus parámetros relevantes.

Resulta curioso el paralelismo de evolución entre la física estadística y la teoría de Darwin. Ambas construcciones intelectuales, aunque en distinta medida, conquistaron un espacio en el medio científico poco

[5] A. Smith, *The Wealth of Nations*, Penguin Books, Nueva York, 1974.
[6] Literalmente, "dejar hacer".

después de su aparición; las dos experimentaron un eclipse temporal hacia el final del siglo pasado y renacieron vigorosamente en el presente. En el caso de la física estadística la reacción contraria nació del positivismo imperante en los tiempos de Maxwell y Boltzmann. El comportamiento macroscópico de los sistemas se estudia con la termodinámica, una teoría construida a lo largo de la primera mitad del siglo pasado. Esta disciplina se erigió en modelo científico para los físicos positivistas, pues se basa en cantidades como calor, trabajo, presión y temperatura, directamente accesibles a los sentidos. Las moléculas, punto de partida en el análisis de la física estadística, no pudieron observarse sino en los inicios de este siglo, por lo que constituyeron hasta entonces "variables ocultas", inaceptables en la ciencia según los positivistas. La confrontación entre físicos estadísticos y termodinámicos se prolongó durante décadas, y desembocó en la unión de las dos ciencias a través de diversos puentes conceptuales, especialmente el llamado "teorema ergódico".[7] Algo muy similar ocurrió con la teoría de Darwin respecto de la genética. En el caso de la física el conflicto de ideas adquirió dramatismo con el suicidio de Boltzmann en 1906, durante una crisis depresiva probablemente relacionada con su percepción de derrota injusta en el debate.

La ausencia de propósito en la evolución por selección natural, su amoralidad, y el indeterminismo que implica el carácter azaroso de su fuente de diversidad biológica, han constituido preocupaciones centrales de los filósofos interesados en incorporar la teoría de Darwin a su argumentación. Frecuentemente el resultado de este intento es una adopción parcial de las nociones darwinianas, y una distorsión de las mismas en los puntos álgidos para el pensador en cuestión. El caso de Herbert Spencer (1820–1903) es notable, pues él se consideraba, en las ciencias sociales, un "darwinista anterior a Darwin". En su "filosofía sintética" propuso que las sociedades evolucionan sujetas a restricciones impuestas por las mismas fuerzas que operan en el ámbito biológico. Vislumbró además en su evolución histórica una tendencia al aumento gradual en complejidad estructural. La ética que adoptó es utilitaria, pero se aleja de la de Bentham en su definición de la felicidad, la cual hizo depender del grado de adaptación de un individuo a su entorno social contemporáneo. Esto lo llevó a rechazar códigos morales que trascendieran su momento histórico, como los fundados en el cristiano.

El concepto de "evolución creativa" de Henri Bergson (1859–1941) pertenece también a esta categoría. Supone como motor de la evolución biológica y social a un estado de tensión constante entre dos principios

[7] A. d'Abro, *The Rise of the New Physics*, 2 vols., Editorial Dover, Nueva York, 1951.

universales, uno pasivo representado por la materia, y otro activo al que llamó *élan-vital*. Esta fuerza organizativa produce formas de vida cada vez más elevadas, aunque con altibajos en el proceso debidos a la resistencia de la materia inerte. Eventualmente este fenómeno conduce hasta el hombre, dotado de conciencia, facultad que interpretó Bergson como prueba de la espiritualidad intrínseca del mecanismo de tensión primordial.

Otros pensadores han introducido la idea de progreso en términos de cualidades "emergentes" en el proceso evolutivo, o sea, propiedades novedosas de la materia imposibles de predecir o vislumbrar en niveles evolutivos previos al de su aparición. El psicólogo C. Lloyd Morgan (1852–1936) consideraba a la vida como una de estas facultades nuevas, y a la mente como otra de ellas, surgida en el siguiente nivel de evolución. La noción de propiedades emergentes aparece también en el materialismo dialéctico, con la afirmación de que es posible obtener transformaciones cualitativas en la materia por la acumulación de cambios cuantitativos. De hecho, este lenguaje encuentra cierto apoyo en algunos fenómenos de la física. Por ejemplo, las transiciones de fase como el cambio líquido–vapor en un fluido, o la aparición de la superconductividad a bajas temperaturas, no pueden analizarse en términos solamente de las propiedades de los átomos constituyentes de estos materiales, requiriéndose hipótesis adicionales sobre el comportamiento estadístico de grandes conjuntos de átomos.

La amoralidad de la visión darwiniana orilló a Thomas Huxley a buscar el significado de la existencia en las facultades mentales, que nos permiten por un lado descubrir nuestra irrelevancia en el mecanismo del universo, y trascender por otro dicha irrelevancia construyendo una burbuja de acción donde puede aflorar y refinarse nuestro humanismo, al contradecir las leyes naturales que le resulten intolerables. A esta burbuja humanística pertenecen la compasión, la búsqueda de la verdad y la belleza, y las demás cualidades que nos elevan sobre la mera preocupación por la supervivencia.

El indeterminismo derivado de la teoría de Darwin ha contribuido al pesimismo de filósofos existencialistas como Soren Kierkegaard (1813–1855), quien insistía en la angustia como experiencia última del individuo, nacida de su inseguridad remanente tras haber realizado su mejor esfuerzo y ponderado todas sus posibilidades frente a un problema dado. Pragmatistas como Charles Peirce (1839–1914), en cambio, han enfatizado el elemento de libertad y creatividad que significa para el hombre la carencia de control sobre su evolución.

Nos hallamos sin duda lejos de un consenso sobre la manera de incorporar el esquema de Darwin a las corrientes filosóficas tradicionales, y más lejos aún de construir una corriente realmente novedosa, darwiniana desde su gestación.

Darwinistas

Alfred Wallace acuñó la palabra darwinismo para referirse a la evolución por selección natural y sus consecuencias científicas y filosóficas. Para los oponentes de la teoría, sin embargo, un "darwinista" era un ser siniestro: materialista, ateo, egoísta, ajeno a la compasión y respetuoso tan sólo de la ley del más fuerte. En cierta ocasión Darwin leyó con sorpresa en un periódico que su teoría justificaba las andanzas de Napoleón y las artimañas de los comerciantes.

La insistencia de Herbert Spencer en la libertad del individuo para competir sin restricciones impuestas por el estado, halló perfecta resonancia en industrialistas como los llamados "barones ladrones"[8] de Estados Unidos, famosos a fines del siglo pasado por su falta de escrúpulos en la competencia mercantil. La frase "supervivencia de los mejor adaptados", original de Spencer, fue utilizada por magnates como Andrew Carnegie, John D. Rockefeller y otros barones para justificar más de uno de sus excesos. Otro darwinista, William Graham Sumner, economista en la Universidad de Yale, lanzó un reto permanente a cualquiera que deseara su puesto en la universidad, de desplazarlo si lograba mostrar habilidad académica superior a la suya.

Darwinistas como ellos fueron tan nocivos para la reputación de la teoría como Moby Dick resultó para la imagen de las ballenas. Tampoco ayudó que en los movimientos nacionalistas e imperialistas de Europa, que finalmente desembocaron en la primera Guerra Mundial, frecuentemente se invocara al darwinismo para justificar la lucha entre las naciones como continuación de un proceso biológico, el cual conduciría al legítimo predominio de las más fuertes. Miembros de la Liga Monista, fundada por el biólogo darwinista Ernst Haeckel, desempeñaron un papel relevante en la emergencia de la ideología nazi.

Todas estas extrapolaciones del darwinismo han contribuido a sus altibajos. Después de muchas vicisitudes históricas, en la actualidad se emplea el término de manera cercana a la propuesta originalmente por Wallace.

[8] *Robber barons*, en inglés.

EUGÉNICA

Generalmente nuestros códigos morales y legales contienen reglas de conducta disonantes con el mecanismo de selección natural. La compasión por los débiles, los programas de asistencia a menesterosos y enfermos crónicos, las leyes tendientes a redistribuir la riqueza, restringen la libertad de movimiento de muchos miembros del conjunto social y permiten la supervivencia de los vencidos. Tal estado de cosas, que para Thomas Huxley constituyó una expresión de humanismo, de nuestra emancipación aunque sea parcial del mecanismo darwiniano, ha sido interpretado por otros como una avenida hacia la degradación de la especie. La Eugénica nació una década después de *El origen de las especies*, como un movimiento para revertir o al menos contener este proceso de degeneración.[9]

Francis Galton (1822–1911), su fundador, fue un biólogo emparentado con Darwin. En un libro titulado *Genio hereditario*[10] presentó los resultados del análisis de un buen número de familias prominentes, concluyendo que las habilidades de los padres eran transmitidas por herencia a sus hijos. Esto volvía posible e imperioso mejorar la especie fomentando por un lado la proliferación de los mejores elementos del grupo social ("eugénica positiva"), y limitando por otro la fecundidad de sus peores miembros ("eugénica negativa").

Tras un despegue poco espectacular el movimiento cobró auge durante el primer cuarto de este siglo, fundándose sociedades eugénicas en varios países de Europa y en Estados Unidos. Una de las causas del incremento de su popularidad la constituyó el mendelismo naciente, con su noción de que ciertos caracteres generales del individuo eran determinados por un solo gene, lo que posibilitaba el establecimiento en la población de un gene favorable, o la eliminación de uno pernicioso, en tiempos razonablemente cortos. Esta visión simplista fue refinada en los años treinta, con la demostración empírica y matemática de que son muchos los genes que contribuyen a una característica morfológica dada, lo que complica y alarga enormemente el proceso de lograr cambios significativos en la composición genética de una población. Sin embargo, en mucho mayor medida que esta información científica, contribuyó al descrédito de la Eugénica el temor generado por las prácticas nazis de control racial.

La dificultad fundamental de la Eugénica es la definición del individuo ideal. Se dice que en las tribus germánicas las madres llevaban a sus hijas a ser fecundadas por los guerreros famosos por su valentía. En

[9] El término Eugénica no fue acuñado sino hasta 1883 por el fundador del movimiento.

[10] F. Galton, *Hereditary Genius*, Meridian Books, Cleveland, 1963.

tiempos de Galton, por citar un ideal distinto, la inteligencia contaba más que el arrojo o la fuerza física, y en la Alemania nazi el criterio de mérito era puramente racial. Este elemento de arbitrariedad en las metas específicas de la Eugénica le adjudica un aspecto misterioso, un grado de peligrosidad seguramente ajeno a los originadores del concepto.

En la actualidad la Eugénica no constituye un movimiento organizado relevante en ninguna parte del mundo. La única entidad cuyo lenguaje oficial se acerca en cierta medida al propósito de mejoramiento genético de la población es quizá Singapur, donde el fundador y líder político del país ha insistido públicamente en un ideal basado en la inteligencia, manifestada a través del éxito académico y la creatividad.

Es indudable, no obstante, un renacimiento futuro de la Eugénica o al menos de sus temas principales de discusión, dada la capacidad recientemente adquirida por nuestra especie de modificar su banco genético en intervalos relativamente cortos, por medio de la ingeniería genética. Un esbozo del porvenir es discernible en una entrevista concedida hace unos meses por Francis Crick, codescubridor de la estructura de la molécula de ADN, cuando a la pregunta sobre si la humanidad debería emplear el conocimiento bioquímico para mejorar su diseño genético, respondió diciendo que "puede decirse que es nuestra obligación".[11]

Sociobiología

En el capítulo anterior señalamos que el altruismo observado en ciertas especies fue interpretado en términos de selección de parentela, o sea, de la tendencia de individuos infértiles a maximizar su contribución al banco genético de manera indirecta, a través de sus parientes fértiles más cercanos. Esta adición a la teoría de Darwin constituye el núcleo de la sociobiología, y permite incluir el aparente sacrificio del interés particular en aras del bienestar colectivo, dentro del esquema darwiniano de competencia y búsqueda de ventaja para el individuo.

La idea de selección de parentela surgió del análisis de colonias de insectos,[12] y se ha aplicado al estudio de otros animales que exhiben comportamiento social, incluidos algunos mamíferos entre ellos.[13] Su

[11] *Scientific American*, febrero de 1992, pp. 16–17.

[12] R. L. Trivers y H. Hare, "Haplodiploidy and the Evolution of the Social Insects", *Science* **4224**, 23 de enero de 1976, pp. 249–263; W. D. Hamilton, "The Genetical Evolution of Social Behavior", *Journal of Theoretical Biology* **7**, 1964, pp. 1–32; E. O. Wilson, *Sociobiology: The New Synthesis*, Harvard University Press, Cambridge, Mass., 1975.

[13] Véase por ejemplo P. W. Sherman, J. Jarvis y S. Braude, "Naked Mole Rats", *Scientific American*, agosto de 1992, pp. 42–48.

inevitable aplicación al caso del hombre, otro animal eminentemente social, tuvo lugar a fines de la década de los setenta. En su libro *Sobre la naturaleza humana*,[14] el entomólogo Edward Wilson propone que algunos aspectos fundamentales de nuestro comportamiento están sujetos a control genético, lo cual impone límites que deben ser respetados en la concepción y desarrollo de las civilizaciones. A pesar de que por su inteligencia y circunstancia histórica el control genético sobre el hombre sea menos rígido que en otros animales, toda sociedad que lo contradiga o ignore pone en entredicho su supervivencia.

Un ejemplo de comportamiento gobernado por el instinto biológico sería el tabú del incesto, presente en casi todas las sociedades conocidas, cuya base sería el riesgo genético de procrear con parientes muy cercanos. El "imperativo territorial", que consiste en la tendencia a defender como propia una porción de espacio, sería otro ejemplo, estudiado con anterioridad al trabajo de Wilson.[15] El territorio representa una condición necesaria para el acceso al alimento y el éxito en la reproducción, por lo que su posesión constituye un elemento básico en la evolución de los animales. En el caso del hombre la propiedad privada y la guerra como actividad colectiva, tendrían raíces comunes en este imperativo. La existencia de un "instinto agresivo" en el hombre fue inferida por Konrad Lorenz en sus estudios sobre conducta animal,[16] y por Desmond Morris a partir del comportamiento de los primates evolutivamente cercanos a nosotros.[17]

La reacción de antropólogos y sociólogos contra la sociobiología humana ha sido violenta desde su aparición. La acusan de entrometerse en un campo de estudio que no le corresponde, y de aspirar a construir un fundamento biológico para la defensa del racismo, sexismo, elitismo y otras enfermedades sociales. La vehemencia del ataque resulta comprensible al recordar que la antropología y demás ciencias sociales se han construido sobre la premisa de que el comportamiento humano está condicionado por el entorno social, sin interferencia relevante de la herencia biológica. La noción de que las sociedades humanas se rigen por reglas propias, imposibles de deducir del estudio de otros sistemas, por lo que constituyen un campo de estudio independiente, se remonta a los inicios del siglo. Sociólogos como Max Weber y Emile Durkheim, y antropólogos como Franz Boas y A. L. Kroeber adopta-

[14] E. O. Wilson, *On Human Nature*, Harvard University Press, Cambridge, Mass., 1978.

[15] R. Ardrey, *The Territorial Imperative: A Personal Inquiry into the Animal Origins of Property and Nations*, Editorial Athenaeum, Nueva York, 1966.

[16] K. Lorenz, *On Agression*, Harcourt, Brace and World, Nueva York, 1966.

[17] D. Morris, *The Naked Ape: A Zoologist's Study of the Human Animal*, Jonathan Cape, Londres, 1967.

ron un método de estudio en el que cada sociedad o cultura se analiza como un todo, sin referencia a los estándares de ninguna otra. En un famoso artículo de 1917, Kroeber[18] argumenta que las culturas pertenecen a un nivel distinto del de otros sistemas naturales, al cual llamó "superorgánico" y cuyo origen atribuyó a cualidades exclusivas de la mente humana, que separan la evolución cultural de la biológica.

El punto de vista de la epistemología evolutiva, iniciada por Konrad Lorenz y desarrollada en la escuela biológica que él fundó en Viena, es diametralmente opuesto al anterior, ya que propone continuidad y uniformidad en el fenómeno evolutivo desde la aparición de la vida hasta la gestación de las sociedades actuales.[19] El vínculo de continuidad estaría representado por la adquisición de conocimiento como vehículo de supervivencia.

La adaptación al medio se vuelve en este esquema sinónimo de aprendizaje. La única diferencia relevante entre bacterias y humanos consiste en que las primeras transmiten el conocimiento adquirido en incontables generaciones sólo a través de la molécula de ADN, mientras que los últimos cuentan además con las bibliotecas y tradiciones orales. Las bacterias exploran su ambiente literalmente arriesgando la vida en cada experimento, mientras que los humanos lo hacen en primera instancia desde el recinto de la imaginación, realizando el experimento sólo después de ponderar mentalmente los peligros involucrados. En las bacterias, el aprendizaje individual es irrelevante desde el punto de vista evolutivo si no adquiere carácter genético; la experiencia humana individual, por el contrario, puede contribuir a la evolución cultural de la especie si encuentra un lugar en los bancos de conocimiento colectivo.

La aversión de la antropología y la sociología por las teorías biológicas de evolución aplicadas en el contexto social, tuvo su origen en los abusos cometidos a fines del siglo pasado cuando la noción de progreso evolutivo, prominente en los escritos de Herbert Spencer y otros pensadores, condujo a la definición de un ideal universal de cultura. Por supuesto dicho ideal resultó cercano a las civilizaciones europeas de la época, lo que le valió a todas las demás el epíteto de primitivas, en grado creciente respecto a su distancia cultural de Europa. Esta jerarquización de culturas se tradujo sin mucha dificultad en racismo, al achacarse el atraso de un grupo determinado a la inferioridad de sus miembros. Y ni siquiera en la definición del ideal europeo hubo un consenso claro. Un embriólogo inglés, por ejemplo, proponía la esterilización de los irlandeses en razón de su manifiesta inferioridad.

Se esperaría que ocho décadas hubieran resultado suficientes para

[18] A. L. Kroeber, "The Superorganic", *American Anthropologist* **19**, 1917, pp. 163–213.
[19] R. Riedl, *Biology of Knowledge*, John Wiley & Sons, Nueva York, 1984.

atenuar el antagonismo entre biología y ciencias sociales, pero no es así. Más bien parece haber sucedido lo contrario si la reacción contra la sociobiología nos da un indicio de las posiciones actuales. Su desdén por toda noción biológica que parezca aplicable a las sociedades humanas resta elementos de juicio a sociólogos y antropólogos; esto empobrece su análisis de fenómenos de tanta envergadura como el colapso del socialismo en Europa del Este y la desaparecida Unión Soviética. Aunque deficiente en cantidad, calidad y objetividad debido a la carencia de perspectiva temporal, la evidencia disponible a la fecha sobre este fenómeno despierta la sospecha de que en el núcleo del misterio se esconda la admonición sociobiológica de Wilson: ciertos aspectos esenciales de nuestro comportamiento son instintivos y están sujetos a control genético, y toda sociedad que decida ignorar este hecho lo hace bajo su propio riesgo.

La cacofonía de posiciones filosóficas asociadas con la teoría de evolución de Darwin ilustra la profundidad de la perturbación intelectual que representa, y lo incompleto hasta ahora de los proyectos tendientes a integrarla armónicamente con el resto de nuestro edificio cultural. Quizá el problema se origine en la dificultad para aceptar con todos sus corolarios y reverberaciones el verso de Alexander Pope en su *Ensayo sobre el hombre*: "Todo lo que es, es correcto". O tal vez el escollo sea de carácter práctico y se oculte en la frase del ministro y escritor inglés Benjamin Disraeli, quien comentó que en el debate sobre si nuestro origen se remonta a ángeles caídos o a monos encumbrados, él se colocaba "del lado de los ángeles".

IV. ¿MUTACIÓN DIRIGIDA?

La idea de escribir este libro surgió de mi interés en el material del presente capítulo. La cuestión a considerar es el carácter determinista o azaroso de la fuente de variabilidad en las poblaciones, que provee la materia prima para la selección natural. Como veremos a continuación este problema es sutil en extremo, y requiere analizar experimentos de difícil interpretación. El nivel técnico de la discusión en este capítulo será por tanto ligeramente más elevado que en el resto del libro.

Un aspecto tan importante como éste de la teoría darwiniana no había recibido la atención que requiere desde la perspectiva experimental. Darwin afirmó que la fuente de diversidad en una población es aleatoria, o sea, independiente tanto de sus efectos en la adaptación de los individuos, como de estímulos provenientes de la interacción de estos últimos con el ambiente. Esto imposibilita de inmediato el mecanismo lamarckiano de la herencia de caracteres adquiridos.

La morfología de un individuo (su fenotipo) resulta de las instrucciones en su material genético (genotipo) y de su interacción con el entorno, notablemente durante la embriogénesis.[1] Si el ambiente es razonablemente uniforme para todos los miembros de la población, la diversidad se origina únicamente en variaciones genéticas. Las transformaciones del genoma tienen varias causas, siendo la principal entre ellas la recombinación de cromosomas durante la reproducción sexual. Las bacterias y demás organismos que no se reproducen sexualmente también intercambian entre sí material genético, en interacciones generalmente no asociadas con la división celular. La infección viral de una célula implica la invasión de su material genético por el del virus, y esto da lugar a nuevas recombinaciones. El repertorio completo de transformaciones del genoma está aún lejos de conocerse. Las mutaciones puntuales (adiciones, excisiones y sustituciones de nucleósidos individuales), consideradas en el pasado como las fuentes principales de variabilidad, constituyen de hecho una fracción minúscula de los cambios genéticos. La enorme molécula de ADN es un sistema dinámico con genes que cambian de lugar y que producen múltiples copias de

[1] Embriogénesis: generación del embrión, a partir de un huevo fecundado.

sí mismos, con extensas secciones que se invierten o separan del resto dando lugar a nuevas combinaciones de genes, etcétera.[2]

Experimento de Luria y Delbrück

La dificultad con los experimentos tendientes a examinar el carácter de las mutaciones es que deben distinguir entre aquellas que ocurran espontáneamente, y las que lo hagan como respuesta a estímulos ambientales. En 1943 Salvador Luria y Max Delbrück[3] llevaron a cabo el primer experimento para aclarar esta cuestión. Consistió en cultivar colonias de la bacteria intestinal *Escherichia coli* en presencia del bacteriófago T1, un virus que la infecta y destruye, permitiendo el desarrollo sólo de aquellos individuos que por mutación se han vuelto resistentes a su ataque.

Para interpretar sus resultados Luria y Delbrück consideraron dos situaciones extremas (*cf.* figura IV.1): *a*) Que los mutantes hubieran aparecido tras el acto de cultivo de colonias en presencia del bacteriófago, como respuesta a la acción del virus; *b*) Que lo hubieran hecho espontáneamente a lo largo de la historia de las colonias, con una probabilidad constante y por lo tanto independiente del bacteriófago.

En el primer caso, por razones matemáticas que no discutiremos aquí, relacionadas con el hecho de que los mutantes habrían aparecido tardíamente (a partir de la inoculación del virus), se esperaría una distribución de números de supervivientes *angosta* (distribución de Poisson), al considerar una muestra suficientemente grande de cultivos independientes. La media de esta función sería igual al producto del número inicial de bacterias en cada cultivo, por la probabilidad de que una de ellas se hubiera vuelto resistente al virus antes de ser destruida por éste. En el segundo caso, debido a que las mutaciones estarían distribuidas al azar a lo largo de la historia de cada colonia, aquellas que contaran con mutantes tempraneros producirían un gran número de supervivientes al aplicar el filtro representado por el virus, mientras que las que contaran sólo con mutantes tardíos tendrían escasos habitantes; se esperaría entonces una distribución *ancha*, que incluiría una fracción significativa de colonias con números de supervivientes apreciablemente alejados de la media.

La evidencia experimental mostró que el número de supervivientes variaba grandemente de una colonia a otra, con cultivos ocasionales

[2] B. McClintock, "The Significance of Responses of the Genome to Challenge", *Science* **226**, 1984, pp. 792–801.

[3] S. Luria y M. Delbrück, *Genetics* **28**, 1943, pp. 491–511.

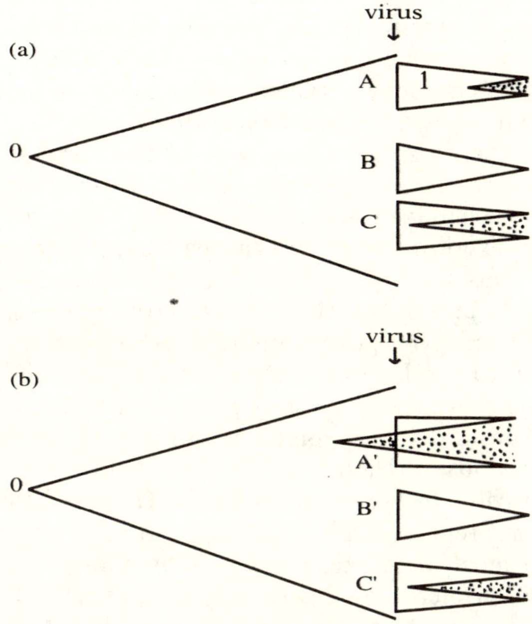

FIGURA IV.1. *Experimento de Luria y Delbrück.* Las bacterias usadas en el experimento provienen de un ancestro común O. El tiempo transcurre de izquierda a derecha. La base de cada triángulo formado con líneas verticales a diversos tiempos representa el tamaño de la población correspondiente. *a*) Mutaciones dirigidas. Si los mutantes resisten al virus aparecen sólo posterioremente a su inoculación (en 1 y 2, por ejemplo), colonias como A y C tendrán números parecidos de supervivientes (zonas punteadas): la distribución de tamaños de colonias al final del experimento será angosta. B se extinguirá por no contener mutantes. *b*) Mutaciones espontáneas. Si los mutantes resistentes al virus han aparecido a lo largo de la historia de las bacterias, colonias como A' y C' tendrán números de supervivientes muy distintos: la distribucción resultante será ancha. B' se extinguirá por ausencia de mutantes.

que contenían hasta 100 veces más supervivientes que la media del grupo total.

Nuevos experimentos

El experimento de Luria y Delbrück, y refinamientos del mismo llevados a cabo en años subsecuentes,[4] confirieron una base experimen-

[4] J. Lederberg y E. Lederberg, *J. Bact.* **63**, 1952, pp. 399–406; L. Cavalli-Sforza y J. Lederberg, *J. Genetics* **41**, 1956, pp. 367–381.

tal a la afirmación de Darwin de que la fuente de diversidad en una población es aleatoria. Dicho fundamento empírico fue considerado suficiente durante casi tres décadas, y es sólo en años recientes que se le ha puesto en duda, notablemente a partir de un artículo de John Cairns y colaboradores publicado en 1988.[5]

El cuestionamiento se basa en que, al considerar en el análisis conceptual sólo las dos posibilidades extremas mencionadas, de que las mutaciones sean todas espontáneas o todas condicionadas por el bacteriófago, los experimentos no permiten descartar la posibilidad de que *una fracción* del total de las mutaciones observadas haya sido condicionada por la presencia del factor selectivo representado por el bacteriófago. Además, con posterioridad a los experimentos clásicos aludidos, se encontró que la resistencia a bacteriófagos depende de cambios genéticos que anteceden en varias generaciones a la de los organismos que la manifiestan, y esto complica aún más la interpretación del experimento de Luria y Delbrück.

Con el objeto de remediar estas deficiencias, John Cairns, Julie Overbaugh y Stephan Miller[6] llevaron a cabo en 1988 experimentos que parecen mostrar la existencia de mutaciones dirigidas por ciertos estímulos. El primero de ellos es muy similar al de Luria y Delbrück, sólo que consideraron mutaciones que se manifiestan sin dilación tras la ocurrencia de la transformación genética correspondiente. Además, en lugar de utilizar un bacteriófago como filtro en los cultivos de *Escherichia coli*, usaron con el mismo fin la capacidad de metabolizar lactosa, con el objeto de que los individuos que no superaran el filtro no murieran de inmediato, sino que pudieran sobrevivir por algún tiempo (aunque sin multiplicarse, por la falta de alimento), para que tuvieran también oportunidad de experimentar posibles mutaciones dirigidas por el estímulo aplicado.

El análisis estadístico de sus resultados fue más refinado que el de Luria y Delbrück, y les permitió analizar situaciones intermedias entre los extremos considerados por estos autores, de predominio total ya sea de las mutaciones dirigidas o de las espontáneas.

El experimento de Cairns y colaboradores consistió específicamente en cultivar bacterias descendientes de progenitores incapaces de metabolizar lactosa (*i. e.*, de usarla como alimento), en un medio donde éste es el único azúcar presente. La interpretación estadística de los resultados es delicada, y para enfatizarlo reproducimos en la figura IV.2 las gráficas originales de Cairns y colaboradores. La primera corresponde

[5] J. Cairns, J. Overbaugh y S. Miller, "The Origin of Mutants", *Nature* **335**, 1988, pp. 142-145.

[6] *Op. cit.*

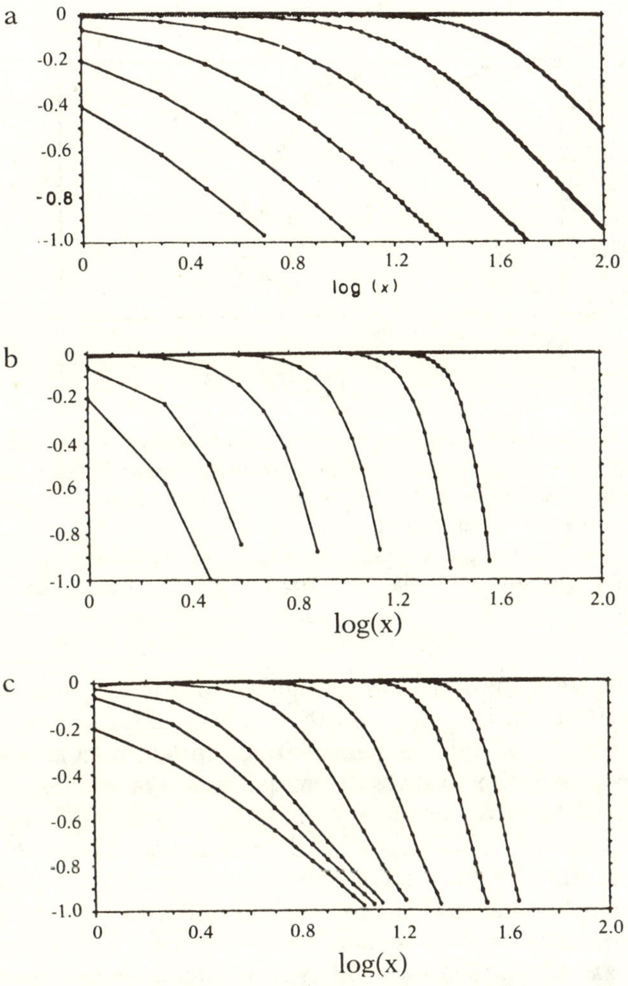

FIGURA IV.2. Logaritmo de la fracción de colonias con x o más mutantes, graficado contra el logaritmo de x. *a*) Los mutantes aparecen espontáneamente a lo largo de la historia de las bacterias usadas en el experimento; las seis curvas corresponden a diversos números promedio (m) de mutaciones por colonia presente. *b*) Los mutantes aparecen sólo tras la inoculación del virus; las curvas se refieren a seis valores promedio distintos (μ) de mutaciones por colonia. *c*) Caso intermedio entre los dos anteriores, con m y μ escogidos arbitrariamente: $m = 1$ en todas las curvas, μ toma siete valores distintos. (Tomado de J. Cairns *et al.*, *op. cit.*)

a uno de los extremos considerados por Luria y Delbrück, en que las mutaciones ocurren espontáneamente a lo largo de la historia de cada colonia de bacterias; la siguiente se refiere al extremo representado por

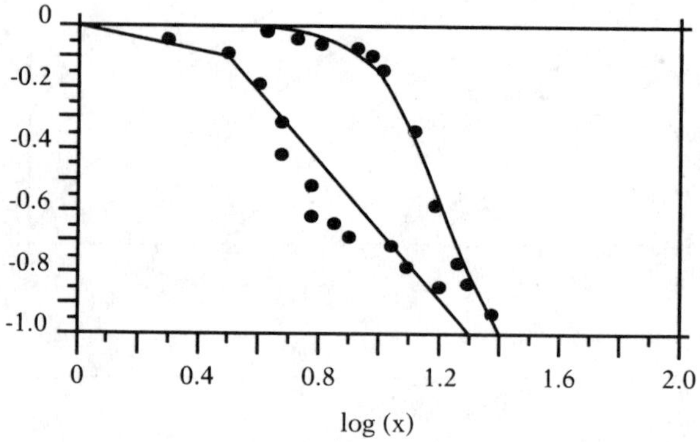

FIGURA IV.3. Distribución observada de supervivientes para dos variedades distintas de *Escherichia coli* (círculos negros y blancos, respectivamente). Los ejes corresponden a las mismas variables que en la figura IV.2. Los valores experimentales se acercan más a una curva del tipo c) en la figura IV.2, que a las de los casos a) y b). La curva inferior, ajustada a los círculos negros, corresponde a $m = 1.6$, $\mu = 2$; para la superior, ajustada a los blancos, $m = 1.6$, $\mu = 7$. (Tomado de J. Cairns *et al.*, *op. cit.*)

el predominio de las mutaciones "dirigidas" por el estímulo; la tercera ilustra una situación intermedia, con una mezcla de mutaciones aleatorias y dirigidas. Los datos experimentales aparecen en la figura IV.3. Las dos curvas experimentales se asemejan más a la tercera gráfica que a cualquiera de las otras dos.

Las semejanzas y diferencias involucradas no son espectaculares, por lo que la interpretación del experimento no puede considerarse definitiva, a pesar de que Cairns y colaboradores reforzaron sus resultados al observar que las colonias que producen mutantes capaces de metabolizar lactosa, no acumulan simultáneamente variedades resistentes al aminoácido valina,[7] las cuales habrían adquirido así una propiedad independiente del factor selectivo aplicado.

EXCISIÓN DE UN SEGMENTO DE *ADN*

Existe una variedad de *Escherichia coli* desarrollada en el laboratorio, incapaz de metabolizar los azúcares lactosa y arabinosa (notación: bacterias $Lac(Ara)^-$), debido a la presencia en su genoma de un segmento insertado de virus bacteriófago. Con la eliminación de este segmento

[7] Tóxico en altas concentraciones para estos organismos.

la bacteria recupera su capacidad de digerir lactosa, aunque sólo en presencia de arabinosa (notación: bacterias $Lac(Ara)^+$). J. Shapiro llevó a cabo en 1984 un experimento[8] cuyos resultados fueron interpretados por Cairns y colaboradores como un ejemplo más de "mutación dirigida" por un estímulo selectivo externo.[9]

El experimento de Shapiro consistió en cultivar bacterias $Lac(Ara)^-$ en cajas de Petri, añadiendo al medio lactosa y arabinosa como únicos azúcares. A 32°C no aparecen colonias de bacterias $Lac(Ara)^+$ durante los primeros cinco días de incubación. A partir del quinto día las colonias de bacterias $Lac(Ara)^+$ comienzan a acumularse, observándose eventualmente cajas con más de cien colonias de esta variedad. A 37°C se obtienen resultados similares, sólo que las primeras colonias de bacterias $Lac(Ara)^+$ aparecen después de sólo dos a tres días de incubación. De acuerdo con mediciones de Cairns y colaboradores, a ambas temperaturas la frecuencia de excisión del segmento viral, que implica la mutación $Lac(Ara)^- \rightarrow Lac(Ara)^+$, resulta al menos mil veces mayor que la observada en medios ricos en nutrientes de todo tipo, donde lactosa y arabinosa no constituyen un factor selectivo.

Además, si se añaden algunas bacterias $Lac(Ara)^+$ a cultivos mantenidos a cualquiera de las dos temperaturas mencionadas, producen colonias visibles tras un periodo de incubación de sólo uno a dos días. La conclusión de Cairns y colaboradores es que las colonias que empiezan a detectarse tras dos o tres días de incubación resultan de la mutación $Lac(Ara)^- \rightarrow Lac(Ara)^+$, y que su ocurrencia está condicionada por la ausencia de azúcares digeribles.

Evidencia contradictoria

J. Mittler y R. Lenski refinaron los experimentos de Shapiro y de Cairns y colaboradores, con resultados que parecen contradecir la interpretación de estos últimos en términos de mutación dirigida.[10] El refinamiento de Mittler y Lenski consistió en producir la mutación $Lac(Ara)^- \rightarrow Lac(Ara)^+$ *en ausencia total de azúcares*, o sea, incubando las bacterias $Lac(Ara)^-$ en un medio donde el factor de selección consistía en la carencia de alimento digerible. La frecuencia de mutación por bacteria $Lac(Ara)^-$ presente resultó comparable con la observada por Shapiro y por Cairns y colaboradores en un medio con

[8] J. Shapiro, *Molec. Gen. Genet.* **194**, 1984, pp. 79–90.

[9] *Op. cit.*

[10] J. Mittler y E. Lenski, "New Data on Excisions of Mu from *E. coli* Cast Doubt on Directed Mutation Hypothesis", *Nature* **344**, 1990, pp. 173–175.

lactosa y arabinosa, por lo que Mittler y Lenski concluyeron que estos azúcares fueron irrelevantes en el proceso, y que el aumento en la velocidad de mutación se debió a las condiciones generales de desnutrición en un medio sin fuentes energéticas.

La interpretación de Mittler y Lenski ilustra la sutileza del problema. Admiten que una de las características de las mutaciones, su *velocidad*, sea modificada por el medio externo, siempre y cuando la magnitud del cambio sea la misma para todas ellas. Con esto el factor selectivo no favorece ninguna mutación particular, y el *carácter* de las mutaciones permanece desligado de estímulos ambientales.

Evolución acelerada por altas temperaturas

Posteriormente al trabajo mencionado en la sección anterior, contrario a la hipótesis de mutación dirigida, el mismo R. Lensky publicó en colaboración con otros investigadores los resultados de un experimento distinto, que parecen *favorecer* de manera clara dicha posibilidad.[11] Su factor selectivo ambiental fue la temperatura, y *Escherichia coli* nuevamente la especie utilizada, debido a las ventajas ofrecidas por los elevados números de individuos en sus colonias y por los cortos intervalos entre generaciones. Utilizaron descendientes de un ancestro común, mantenidos a 37°C a lo largo de 2 000 generaciones. A partir de ellos generaron colonias en medio acuoso, manteniendo un grupo de ellas a 42°C, y el resto a 37°C para servir de control.

Existían entonces tres líneas de bacterias: las ancestrales (a 37°C), las de control (también a 37°C), y las colocadas en un medio caliente (a 42°C). Después de 100, 200 y 400 generaciones de estas últimas (transcurridos 15, 30 y 60 días, respectivamente), se les hizo competir con las ancestrales. La competencia consistió en incubar a 42°C cantidades inicialmente idénticas de individuos de estas dos líneas bacterianas, y contar el número de supervivientes de cada línea al término de 24 horas. Para minimizar el shock fisiológico de las ancestrales por el cambio de temperatura (de 37 a 42°C), se les preincubó por un día a 42 grados.

Se definió un "índice de adaptación" W como la razón del número de duplicaciones logradas por la línea de alta temperatura, al correspondiente de la línea ancestral. $W = 1$ indica igual velocidad de duplicación en las dos líneas, o sea, idéntico grado de adaptación; W mayor que 1 implica ventaja de la línea de alta temperatura, y W menor que 1 significa lo contrario.

[11] A. Bennet, K. Dao y R. Lenski, "Rapid Evolution in Response to High-Temperature Selection", *Nature* **346**, 1990, pp. 79–81.

De acuerdo con los datos experimentales, cuando se utilizaron bacterias con 100 generaciones previas a 42 grados, $W \simeq 1$: la línea de alta temperatura no mostró ninguna ventaja sobre la ancestral hasta ese punto. Sin embargo, en los cultivos con bacterias previamente mantenidas a 42°C durante 200 y 400 generaciones, se observó un aumento de adaptación de ellas respecto a la línea ancestral, del orden de 7 a 8%. Esta ganancia se consiguió por medio de mutaciones ocurridas en el medio caliente, pues las colonias de control, mantenidas separadamente a 37 grados, no mostraron ninguna ventaja sobre las ancestrales al competir con ellas. Más aún, cuando la línea de alta temperatura compitió con la ancestral a la temperatura *habitual* de esta última (37 grados), volvió a vencerla, mostrando una ventaja de adaptación del orden de 4 porciento.

Este experimento es más convincente que los anteriores, pues los organismos utilizados no fueron sujetos a manipulación genética previa, y la adaptación al medio no dependió de cambios extremos ni artificiosos, como los necesarios para permitir la utilización de un alimento exótico. En el presente caso, la adaptación involucró un conjunto grande y seguramente complicado de mutaciones, por lo que el aumento observado en el índice W refleja en cierta medida la eficiencia adaptativa global del genoma.

Desgraciadamente los resultados no son definitivos, pues pueden interpretarse otra vez en términos ya sea de mutación dirigida, o de aceleración generalizada de mutaciones espontáneas. Para decidir entre estas alternativas sería preciso identificar las mutaciones que contribuyen específicamente a la adaptación térmica, y demostrar que éstas son aceleradas en mayor medida que aquellas con efectos neutrales respecto al factor selectivo empleado.

Activación de genes crípticos

Algunas bacterias utilizan normalmente sólo ciertos azúcares como fuente de energía. Por ejemplo, *Escherichia coli* es capaz de metabolizar (fermentar) lactosa, mientras que los diversos miembros de la familia de las salmonelas no lo hacen. Sin embargo, si una colonia de bacterias se incuba en un medio donde existe sólo un azúcar, y éste es indigerible para sus miembros, regularmente se observa que al cabo de una o dos semanas aparecen mutantes capaces de utilizar el azúcar presente, generando nuevas colonias. Ello indica que los genes para producir las enzimas necesarias se encuentran en el genoma, sólo que por alguna razón no son fácilmente accesibles. Estos genes que normalmente no se expresan, pero que pueden ser activados bajo condiciones de estrés fisiológico para metabolizar substancias poco usuales, reciben el nombre de "genes crípticos".

El mecanismo de activación varía de un gene a otro, e incluye en algunos casos varias mutaciones puntuales consecutivas en la molécula de ADN. Por ejemplo, *Escherichia coli* cuenta con un gene críptico que puede activar para metabolizar lactosa, cuando pierde por mutación al gene normalmente utilizado para tal fin. En este caso particular la activación del gene críptico involucra al menos dos mutaciones, cada una de las cuales ocurre con frecuencia menor que 10^{-8} por bacteria presente, en medios ricos en nutrientes, donde la presencia o ausencia de lactosa no constituye un factor selectivo.[12] Si se consideran las dos mutaciones necesarias para activar al gene críptico como eventos independientes, su ocurrencia conjunta tendría lugar con una frecuencia menor que 10^{-16} (el producto de las probabilidades individuales), por lo que no se esperaría detectar la activación del gene críptico en colonias típicas, que contienen del orden de 10^{8} elementos.

Sin embargo, cuando se incuban colonias de bacterias incapaces de metabolizar lactosa en presencia *únicamente* de este azúcar, se observan al cabo de unas dos semanas algunas colonias secundarias que fermentan lactosa.[13] Esto indica que el correspondiente gene críptico ha sido activado, con una frecuencia cercana a la unidad por colonia, mucho mayor que la medida en ausencia de presión selectiva ($\sim 10^{-16}$ por bacteria presente, o sea 10^{-8} por colonia). Cairns y colaboradores interpretaron éste como un ejemplo más de mutación "dirigida", aunque cabe hacer notar que la posibilidad de aceleración global e indiscriminada de las mutaciones en condiciones de escasez de alimento, tampoco puede descartarse en este caso.

La observación de que ciertas mutaciones dobles ocurren varios órdenes de magnitud (potencias de diez) más rápidamente que lo esperado basándose en sus frecuencias individuales, antecede en varios años al trabajo descrito de Cairns y colaboradores sobre la expresión de genes crípticos.[14]

Motivado en parte por conversaciones con Cairns, Hall realizó en 1988 otro experimento basado en la activación de genes crípticos.[15] *Escherichia coli* posee un "operón" críptico,[16] cuya activación le permite

[12] B. Hall y T. Zuzel, *Proc. Natn. Acad. Sci. USA* **70**, 1980, pp. 1841–1845.

[13] Véase Cairns y colaboradores, artículo citado.

[14] La investigación sistemática de estos problemas fue iniciada por B. Hall a fines de la década de los setenta. Véase Barry Hall, *Evo. Biol.* **15**, 1982, pp. 85–150.

[15] B. Hall, *Genetics* **120**, 1988, pp. 887–897.

[16] Un operón es un segmento de la molécula de ADN que incluye un gene o varios relacionados, junto con las secuencias que controlan su activación y su inhibición.

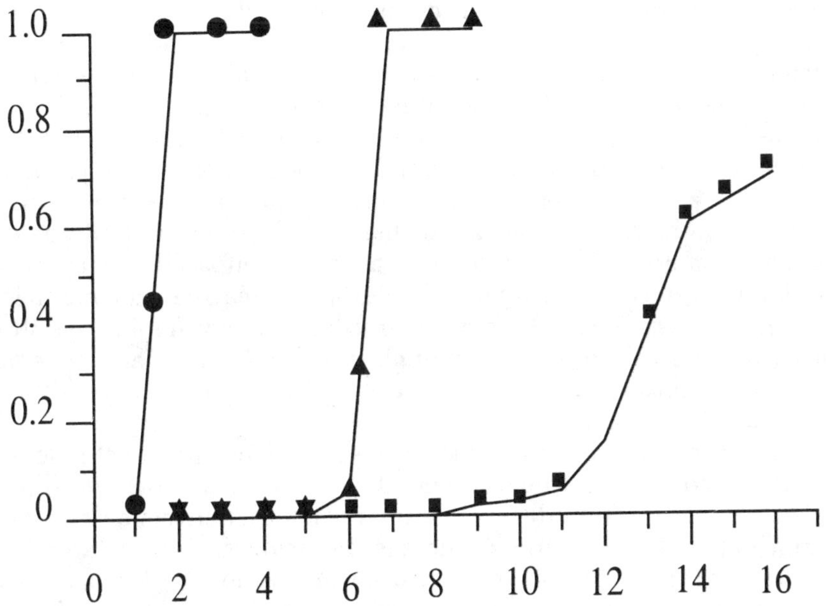

FIGURA IV.4. Aparición de mutantes con la capacidad de digerir salicina, para tres variedades distintas de *Escherichia coli.* La primera (círculos) requiere sólo una mutación para poder metabolizar salicina. La segunda (triángulos) necesita una mutación distinta de la anterior para lograrlo. La tercera (cuadrados) requiere las dos mutaciones. (Tomado de B. Hall (1988), *op. cit.*)

digerir el azúcar salicina. La activación involucra mutaciones en dos genes que forman parte del operón. En el estado estacionario (o sea, cuando las colonias de bacterias no están dividiéndose por falta de nutrientes), las probabilidades de estas mutaciones son del orden de 10^{-7} y 10^{-10} por célula, respectivamente. Considerando a las dos mutaciones como eventos independientes, la probabilidad de observarlas en combinación sería el producto de estos dos números, o sea, cercana a 10^{-17}. Por lo tanto, en una colonia con 10^9 células la probabilidad de encontrar un doble mutante sería aproximadamente $10^9 \times 10^{-17} = 10^{-8}$. Se esperaría detectar entonces una mutación doble sólo en presencia de un gran número de colonias (al menos 10^8 de ellas).

Sin embargo, transcurridas dos semanas de incubación de algunas *decenas* de colonias en un medio donde el único azúcar presente era salicina, se observó que 60% de ellas contenían mutantes dobles (*cf.* figura IV.4). Esto significa que la probabilidad observada de ocurrencia de la doble mutación es del orden de 10^{-8} o mayor, lo que arroja un enorme factor de aceleración de mutaciones dobles cercano a 10^8, pues según vimos en el párrafo anterior la probabilidad esperada de ocurrencia de este evento era del orden de 10^{-17} por célula presente, y cada colonia tiene aproximadamente 10^8 bacterias.

Para determinar si la aceleración observada en la frecuencia de las mutaciones dobles es global, en el sentido de que todas las probabilidades son aceleradas en la misma proporción, o si es específica a los genes involucrados en el metabolismo de la salicina, Hall analizó una mutación no relacionada con este azúcar. Comparó las frecuencias anterior y posterior a la aplicación de la salicina, de una mutación que confiere resistencia al aminoácido valina, el cual impide, en altas concentraciones, el crecimiento y duplicación de la variedad de *Escherichia coli* utilizada en el experimento. Dichas frecuencias resultaron ser iguales.

Otra posibilidad a considerar es que la salicina haya actuado solamente como un factor de *selección* de los mutantes observados, permitiéndoles crecer, reproducirse y formar colonias, pero sin desempeñar ningún papel en la *generación* de sus mutaciones. Para aclarar esta cuestión Hall repitió el experimento de incubación de las bacterias, esta vez en un medio totalmente exento de azúcares. Después de 28 días de incubación las bacterias sobrevivientes fueron transferidas a un medio con salicina, para que las que hubieran adquirido la capacidad de digerir este azúcar pudieran ser detectadas a través de las colonias que formaran. No se observó ninguna colonia en el nuevo medio, indicando que la frecuencia de la doble mutación no había sido acelerada bajo condiciones de estrés fisiológico por carencia total de alimento, sino que la presencia de salicina en el medio de alguna manera generó los cambios genéticos necesarios para fermentarla: la solución depende del problema planteado.

Discusión

Las transformaciones del genoma son de varios tipos: mutaciones puntuales, recombinación durante la reproducción sexual, inserciones y excisiones de material genético, traslación e inversión de segmentos de la molécula de ADN, etcétera.

Esta molécula es un complejo sistema dinámico donde la expresión de los genes está modulada por el ambiente a través de señales químicas inducidas en la membrana celular por los diversos estímulos externos. El problema que nos ocupa se refiere a la posibilidad de que no solamente el aspecto fisiológico, sino la mutabilidad de la molécula de ADN, o sea su aspecto hereditario, esté también condicionado por el ambiente.

Se busca, por lo tanto, una correlación positiva entre algún estímulo aplicado y las mutaciones que confieren adaptabilidad a la perturbación que representa. Tal mecanismo de "aprendizaje" equivaldría a la herencia de caracteres adquiridos, a la manera de Lamarck, pues los cambios producidos perturbando el funcionamiento de la molécula de ADN serían transmitidos por herencia a la siguiente generación. Esto contradiría la propuesta básica de Darwin sobre el carácter aleatorio de la fuente de diversidad en las poblaciones.

Los resultados experimentales muestran inequívocamente que en ciertas situaciones de estrés fisiológico provocado por condiciones ambientales particulares aumenta la velocidad de mutaciones. La evidencia en favor de mutación dirigida, o sea de aumento selectivo de las frecuencias de mutación, aunque no incontrovertible aún, justifica especular sobre sus posibles mecanismos moleculares.

Una posibilidad considerada por Cairns y colaboradores[17] es la producción de múltiples copias no idénticas de mARN[18] por un mismo gene, bajo condiciones de estrés. Cada una de ellas originaría una enzima distinta, y si la célula poseyera la capacidad de medir la eficacia de sus productos, y de copiar en reversa sobre el genoma (por medio de reverso-transcriptasa) sólo aquella versión de mARN que produjera la mejor proteína, aceleraría precisamente las mutaciones útiles en la solución de su problema fisiológico. Una manera de asegurarse de copiar la molécula de mARN apropiada sería activando el mecanismo de copiado inverso en la etapa de crecimiento de la célula, pues entonces sólo las que estuvieran prosperando en el medio (por poseer las enzimas salvadoras) tendrían acceso a los recursos químicos necesarios para la transcripción.

Un mecanismo como el descrito conferiría una gran ventaja adaptativa a los organismos que lo poseyeran, frente a aquellos que sólo mutaran aleatoriamente. Contradiría, según dijimos, una de las hipótesis básicas en la teoría de evolución de Darwin, reintroduciendo el lamarckismo en la biología. Permitiría el flujo de información del ambiente al genoma (proteínas eficientes → copiado inverso de mRNA → aparición o multiplicación del gene apropiado), contradiciendo así el llamado dogma central de la biología contemporánea, de acuerdo con el cual la información fluye solamente en la dirección opuesta.

Ante consecuencias tan fundamentales, se esperaría que los experimentos reseñados en este capítulo fueran el centro de atención de biólogos y científicos en áreas afines. Sin embargo no es así, según lo muestra el reducido número de investigadores y referencias sobre

[17] *Cf.* Cains y colaboradores, artículo citado.

[18] ARN mensajero.

el tema. Esta indiferencia no es muy distinta de la mostrada por la mayoría de los físicos ante las "nubes en el horizonte" de su ciencia, señaladas por Lord Kelvin al final del siglo pasado, que en realidad presagiaban la profunda revolución que acarrearon la relatividad y la mecánica cuántica. Podría haber sido distinto en esta ocasión, pero al parecer continúa vigente la admonición de Planck, en el sentido de que las nuevas teorías no triunfan por el convencimiento de sus opositores, sino porque éstos tarde o temprano mueren.

Por supuesto, el veredicto sobre la falsificación de una de las propuestas básicas en la teoría de Darwin no es definitivo. Los experimentos se refieren a una sola especie, y aun de no ser falsificados a su vez por nueva evidencia, podrían constituir una anomalía aislada, sin relevancia evolutiva. Esto se decidirá sólo a través de nuevos experimentos con otras especies, tanto unicelulares como multicelulares.

V. EL CASO LYSENKO

EN CAPÍTULOS precedentes hemos considerado apuros de la teoría de Darwin, nacidos de su confrontación con resultados experimentales y con las corrientes filosóficas de los pasados cien años. Aunque en grado variable según el campo de interacción de las ideas, la argumentación reseñada se ha mantenido generalmente dentro de límites aceptables de carácter lógico, científico y filosófico. Las batallas de Bacon y Galileo se supusieron conclusas y ganadas, para gloria de la racionalidad. Pero toda concepción profunda tiene el potencial de producir aberraciones, cuando se le contempla a través de los filtros adecuados. Discutiremos el "caso Lysenko" para ilustrar el poder del lado oscuro en el fenómeno darwiniano. Con el objeto de identificar las escalas involucradas, hay que aclarar desde ahora que el terror derivado de este evento no tuvo la magnitud del asociado con los autos de fe en Europa y sus colonias, ni con el reciente intento camboyano de construir al "hombre nuevo", literalmente sobre las cenizas del orden previo.

Trofim Denissovitch Lysenko fue un agrónomo ruso que desarrolló en los años veinte un procedimiento que permitía plantar variedades primaverales de trigo en la época de invierno. Su tratamiento de las semillas, al que llamó "vernalización", consiste en humedecerlas y hacerlas germinar muy lentamente manteniéndolas a baja temperatura. Plantadas en el otoño tardío son capaces de soportar las rudas condiciones de invierno, de manera comparable con las variedades propias de la estación fría, prolongando así la temporada de cultivo, algo de excepcional importancia en las latitudes nórdicas, donde la brevedad de este intervalo constituye un limitante esencial en la producción de alimentos.

El pecado de Lysenko se inició con la interpretación que hizo de sus resultados, y se multiplicó con sus extrapolaciones y distorsiones de los mismos, y con la simbiosis que logró establecer con la élite en el poder. Esto último le permitió controlar durante décadas cruciales la genética y la agricultura soviéticas, al precio del estancamiento agrícola del país, de la destrucción académica y en ocasiones física de sus oponentes, y de la casi extinción del estudio de la genética en Rusia, en el periodo de máxima fertilidad de esta ciencia, cuando fue revelada por Watson y Crick la estructura y el mecanismo de almacenamiento de información de la molécula de ADN, cuando se descifró el código genético y comenzaron las aplicaciones prácticas de esta ciencia, basadas en la nueva herramienta bioquímica.

La elevación de Lysenko comienza en 1927, cuando *Pravda*, el órgano informativo del Partido Comunista de la Unión Soviética le dedica un elogioso artículo titulado "Los campos de invierno", donde se refiere a él como al hombre que "ha transformado los campos del Cáucaso meridional de desiertos que eran en invierno, en verdes praderas". El hecho concreto al que se refiere el artículo periodístico consistió en un tratamiento de vernalización aplicado a chícharos, que los hacía madurar en tiempos menores que el usual, lográndose con ello que al ser plantados en otoño pudieran cosecharse antes de que arribaran las heladas y los destruyeran.

Lysenko extrajo del fenómeno dos conclusiones sin fundamento alguno en los hechos: que los chícharos tratados térmicamente transmitían a sus descendientes el periodo corto de maduración inducido en ellos, y que la vernalización permitiría un grado de control similar sobre la fisiología y la herencia de las demás plantas. Desarrolló en años subsecuentes un tratamiento análogo para el trigo, y expandió su interpretación hasta llegar a una versión de la herencia que consiste en una mezcla incongruente de elementos lamarckistas y darwinianos. Su construcción teórica resultó totalmente distinta de la genética de su tiempo, que era una síntesis de los resultados de Mendel y los del biólogo estadunidense T. H. Morgan, quien había realizado una larga y fructífera serie de experimentos con la mosca de la fruta (*Drosophila melanogaster*).

Hacia 1935 Lysenko completó su esquema sobre la herencia, y empleó la década siguiente en establecerlo como credo oficial de la Unión Soviética en relación con el tema. Su dominio académico y político del campo fue absoluto hasta la muerte de Stalin en 1953, y decayó gradualmente a lo largo de la época de Krushev.

Su estrategia consistió en expander de inmediato la discusión del campo académico al ideológico, donde consiguió finalmente el respaldo directo de Stalin y la consiguiente derrota de sus enemigos. Identificando al materialismo dialéctico como la base filosófica de su teoría de la herencia, le colgó la etiqueta de "doctrina idealista y burguesa" a la genética clásica. Exagerando el éxito de su método de vernalización del trigo cautivó la atención de las autoridades soviéticas, empeñadas en llevar adelante a cualquier costo el programa de colectivización agrícola de Stalin. Asociando su nombre al de Ivan Mitchurin, el más famoso horticultor de la Unión Soviética, obtuvo un aliado indiferente pero útil, sobre todo al inicio de su campaña.

La asociación con Mitchurin tuvo su base en algo más que simple oportunismo. Este último había interpretado sus resultados prácticos sobre nuevas variedades de plantas en términos de la desestabilización de sus factores hereditarios, lograda a base de cruzamientos múltiples. Los injertos sucesivos en ambientes cuidadosamente elegidos conducían, según Mitchurin, a un estado de "herencia quebrantada", a partir del cual podían generarse nuevas *especies* de plantas con las características que se desearan. A esta noción Lysenko agregó que su proceso de vernalización era un canal eficaz para quebrantar la herencia de muchas plantas, incluidas las de importancia capital en la agricultura, y que a partir de dicho estado excitado podían ser "educadas" manipulando su entorno, con el resultado de que las cualidades morfológicas y fisiológicas inducidas con el tratamiento se volvían heredables. Lysenko formalizó su alianza con Mitchurin en el Congreso de genética de 1929, en el que le rindió un homenaje. A partir de entonces sus hallazgos empíricos fueron calificados de milagrosos en los órganos de difusión dominados por lysenkistas, y nació el término "mitchurinismo" como nombre oficial del movimiento.

Y a su rompecabezas conceptual se empeñó Lysenko en llamarlo darwiniano. Lo sintetizó en un informe que rindió en 1948 ante la Academia de Ciencias Agrícolas de la URSS, hecho que selló el triunfo del lysenkismo. Inició su discurso en esa ocasión triunfal con una descripción de la biología contemporánea enfatizando sus errores, y explicó a continuación las enmiendas necesarias y suficientes para salvarla.[1] Sus proposiciones en el informe contradicen prácticamente todos los elementos de la teoría de Darwin:

1. En relación con la fuente de diversidad en las poblaciones, que Darwin considera aleatoria, Lysenko transfiere la responsabilidad de esta afirmación de azar a Morgan y Mendel, cuya teoría genética califica de "doctrina reaccionaria y anticientífica", para atacarla a continuación en términos ideológicos:[2]

> Cuando proclaman la "indeterminación" de la variabilidad hereditaria, llamada mutación, los morgano-mendelianos conciben esta variabilidad hereditaria como *imprevisible en principio*. Es, a su modo, una concesión de lo incognoscible; designa el idealismo en biología.

2. Darwin propone a la selección natural como el único mecanismo de evolución y de creación de nuevas especies. Según Lysenko:[3]

[1] El informe de Lysenko aparece completo en D. Lecourt, *Lysenko*, Editorial Laia, Barcelona, 1978. Véase también D. Joravsky, *The Lysenko Affair*, Harvard University Press, Cambridge, 1970.

[2] Informe de Lysenko: D. Lecourt, *op. cit.*, p. 160.

[3] *Ibid.*, p. 154.

Nosotros, los representantes de la tendencia soviética mitchuriniana, afirmamos que la herencia de las propiedades adquiridas por los vegetales y los animales en el curso de su desarrollo, es posible e indispensable.

Más adelante en su informe insiste:[4]

Así resulta que el principio de la posibilidad de la herencia de las variaciones adquiridas —uno de los más importantes logros dentro de la historia de las ciencias biológicas, cuyo cimiento lo echó ya Lamarck y lo admitió la doctrina de Darwin—, lo han echado por la borda los mendeliano-morganistas.

3. Darwin insistió en el gradualismo, o ausencia de saltos evolutivos, y en la extrema lentitud del mecanismo de selección natural para engendrar nuevas especies. Para Lysenko:[5]

Lo que lleva a la formación de una nueva forma de especie, a la obtención de una nueva especie a partir de una antigua, no es la acumulación de las diferencias cuantitativas que sirven generalmente a la diferenciación de las variedades dentro de los límites de una especie. La acumulación de variaciones cuantitativas que desemboca en la transformación por saltos de una especie antigua en especie nueva, son variaciones *de un orden diferente.*

4. El esquema darwiniano es de competencia entre individuos, en especial entre los miembros de una misma especie, pues éstos coinciden en casi todas sus áreas de necesidad, maximizando el conflicto. Según Lysenko:[6]

Tras un nuevo examen y un estudio profundo de esta cuestión, he llegado a negar la lucha intraespecífica [...], y a reconocer la lucha y la competencia interespecífica.

En otro lugar del informe basa la necesidad de reforma del darwinismo en una razón práctica:[7]

En sus investigaciones, los mitchurinianos se basan en la teoría darwiniana de la evolución. Pero esta teoría de Darwin es en sí misma completamente insuficiente para resolver los problemas prácticos de la agricultura socialista. Por esta razón, en la base de la agrobiología soviética moderna, aparece el darwinismo reformado a la luz de la doctrina de Mitchurin-Williams, y, como consecuencia, transformado en un darwinismo soviético creador.

[4] *Ibid.*, p. 159.
[5] *Ibid.*, p. 181.
[6] *Ibid.*, p. 183.
[7] P. 180 en el texto citado de D. Lecourt.

(V. R. Williams fue otro charlatán de la época, fundador de la *Pedología*, una "ciencia del origen de los suelos", según la cual los suelos fértiles provienen de un largo proceso de erosión por la lluvia y el viento del "esqueleto" inicial de la tierra, totalmente rocoso. La vida apareció según su esquema en las fisuras llenas de polvo de rocas, y se enriqueció paralelamente a como lo hacían los suelos.)

El veredicto empírico sobre la teoría de Lysenko lo constituyen los desastres que acarrearon a la agricultura soviética sus proyectos a gran escala de vernalización de gramíneas, y de herencia quebrantada en animales domésticos y ganado. Su negación de la competencia entre individuos pertenecientes a la misma especie lo llevó a proponer la siembra de plantas en "nidos", las cuales se defenderían en grupo del embate de las hierbas y sus demás enemigos. En relación con un ejemplo famoso de aplicación de su teoría escribió:[8]

> Hemos aportado nuestra ayuda al kok-saghiz para permitirle vencer en la lucha entre especies. Los koljosianos se han puesto a sembrar el kok-saghiz en nidos: colocan de cien a doscientos granos de kok-saghiz en una pequeña fosa y dejan una superficie libre alrededor de un cuarto de metro cuadrado. Las malas hierbas llevan a cabo su ofensiva contra el nido, pero no pueden penetrar en el interior ante la resistencia de muchas plantas de kok-saghiz. En cuanto a éstas, desembarazadas en común de su enemigo más feroz, crecen gracias al alimento y humedad de la superficie de que se les dota.

Completa esta farsa añadiendo que no es necesario para el hombre "deshijar" el nido, o sea, eliminar el exceso de plantas, pues ellas se sacrificarán en favor de una de sus congéneres, por el bien de la especie. Esta técnica de cultivo se utilizó dentro del "Gran plan de transformación de la naturaleza" anunciado por Stalin en 1949, con el fracaso previsible e inevitable.

Otra consecuencia funesta del lysenkismo fue la distorsión de las prácticas normales del método científico. Destruidos físicamente, amedrentados o ahuyentados sus opositores, no existía en la biología soviética una voz capaz de hacer escuchar su desacuerdo. Los proyectos agrícolas, sin más revisión que la de sus proponentes y partidarios, eran anunciados en la prensa o en foros del gobierno y el partido comunista, y sus resultados evaluados por medio de encuestas diseñadas y realizadas por los responsables de los mismos. Las esporádicas críticas provenientes del resto del mundo académico eran acalladas con argumentos no científicos. Cuando el gran matemático ruso Kolmogorov señaló el uso incorrecto de la estadística por los lysenkistas, Lysenko

[8] D. Lecourt, *op. cit.*, p. 102.

respondió enfatizando la ignorancia de Kolmogorov en el área biológica, que lo llevaba a entrometerse en una ciencia "donde las abstracciones matemáticas constituyen con frecuencia una distracción y un estorbo".

Sin el freno de la confrontación con sus colegas, las aberraciones lysenkistas se sucedieron en tropel. Safonov, novelista laureado en 1949 con el Premio Stalin por su novela *La Tierra en flor*, escribió sobre el trigo:[9]

> El viento transporta nubes de polen. Y la planta elige en estas nubes el que le conviene. *Elige*; no se deja fecundar por casualidad por no importa cuál grupo de polen. [...] Y no nos asombraron las palabras audaces y magníficas con las que Lysenko describía lo que pasaba con su trigo: "Un matrimonio por amor".

Contra lo que pudiera esperarse los gigantescos descalabros económicos que acarreó no causaron la ruina de este moderno Rasputín. Su persistencia se comprende sólo en términos de su incorporación a la vertiente principal de poder del socialismo soviético durante la primera mitad del siglo. En el contexto de la lucha global contra el capitalismo y del afianzamiento de los líderes posteriores a Lenin, Lysenko se forjó un nicho inusitadamente estable. Cuando los fracasos agrícolas y el fraude académico lo volvieron un estorbo para el aparato estatal, los intereses creados y la inercia del sistema aseguraron su supervivencia. Sobrevivió a la caída de Stalin en 1953, y continuó por dos años más al frente de la Academia de Ciencias Agrícolas. Todavía en 1958 le fue otorgada la Orden de Lenin, y a finales del mismo año el pleno del comité central del partido comunista soviético ratificó su confianza en él, y conminó a sus enemigos a suspender los ataques en su contra. Su eclipse definitivo no sucedió hasta 1964, con la caída de Krushev.

Resulta interesante comparar el caso de Lysenko con la saga de Aleksey Stakhanov, un producto más de la imperiosa búsqueda de superlativos del socialismo soviético. Ambos fueron rescatados de su oscuridad por el sistema hacia la misma época, aunque es justo decir que con mínima culpa de este último en relación con los pecados de Lysenko. Stakhanov fue presentado al mundo como un minero que cotidianamente realizaba hazañas casi sobrehumanas, como palear en un solo turno de trabajo 102 toneladas de carbón. Proezas tales no podían pasar desapercibidas; su recompensa consistió en ser trasladado a Moscú, donde le fue asignado un apartamento con las comodidades propias de su nueva condición de celebridad.

Pero Stakhanov no estaba destinado a diluirse como Lysenko en

[9] D. Lecourt, *op. cit.*, p. 103.

el ruido de fondo al término de su periodo de utilidad, cuando "stakhanovismo" se había convertido en voz peyorativa, usada en todo el mundo como sinónimo de exceso propagandístico. La fase postrera en la vida del obrero modelo nos llega en la voz adolorida de sus hijos, como un don de "glasnost", la transparencia informativa inaugurada por Gorbachov. En la era de Krushev, durante una visita a la URSS de Palmiro Togliati, líder del Partido Comunista Italiano, éste le preguntó casualmente a su anfitrión sobre el gran Stakhanov, pues no había vuelto a escuchar de él desde su apogeo dos décadas atrás. Krushev ignoraba también la suerte del personaje, pero le respondió a Togliati que seguramente continuaba empujando la causa del socialismo en sus minas de carbón. Y en este punto la historia se vuelve trágica, pues el itinerario de Togliati incluía una visita a dichas minas. Inexorablemente la maquinaria que construyó al héroe se echó a andar de nuevo, esta ocasión en reversa. De su cómodo apartamento moscovita fue trasladado súbitamente a una barraca en las minas, para aguardar pala en mano el arribo del visitante italiano. El problema consistió en que tras la visita de Togliati, Stakhanov no fue devuelto a Moscú, muriendo al poco tiempo debido a la falta de calefacción en la barraca y a las demás privaciones de su nueva existencia.

Pero basta de insistir sobre las bestias negras del socialismo. A las aberraciones de Lysenko podríamos contraponer el "juicio de monos" en Tennessee por la misma época,[10] o la actitud en nuestro tiempo de la iglesia católica frente al uso de contraceptivos. El clamor lysenkista por una "biología proletaria":[11]

> Se ha constituido una nueva forma gigantesca de explotación agrícola: los koljoses. [...] La ciencia agronómica, tal como se ha formado bajo el régimen capitalista, en modo alguno podía responder a las exigencias de los koljoses. Había que crear una nueva teoría agronómica fundamentada en la doctrina de Lenin y Stalin.

guarda semejanza de método y escala en cuanto a distorsión de la ciencia, con el paralelismo que Alfred Rosenberg, el principal ideólogo del nazismo, estableció por los mismos años entre el "plasma germinativo" que Weissmann había definido como factor permanente en la evolución, y el "alma racial" que según Rosenberg se había transmitido en forma inalterada desde la mítica Germania hasta el Tercer Reich.

Es saludable contrastar tanta miseria ética y filosófica con el impulso que tuvo Darwin al recibir el manuscrito de Wallace sobre evolución,

[10] *Cf.* capítulo III.
[11] D. Lecourt, *op. cit.*, p. 74.

de destruir su propio trabajo con tal de no dejar sombra de duda sobre su integridad, ante la ineludible cuestión de prioridad intelectual súbitamente puesta en sus manos.

Darwin y Marx

La relación entre marxismo y darwinismo nunca ha sido simple. Se inició con buenos auspicios, creyéndose incluso por mucho tiempo que Marx había ofrecido a Darwin dedicarle el segundo volumen de El Capital, y que éste había declinado el honor. De acuerdo con la versión actual esta afirmación es incorrecta, y la confusión nació de un error en la interpretación de la correspondencia al respecto. Con o sin dedicatoria persiste el hecho de que la comunicación entre los dos personajes fue positiva y resonante en su momento. Los aspectos que debieron llamar la atención de Marx son el carácter evolucionista y el completo materialismo del esquema de Darwin. Sin embargo otros elementos básicos de la teoría son contrarios al marxismo.

La concepción darwiniana de adaptación al ambiente a través de la lucha *individual* por la existencia, es lejana de la visión marxista de conflicto de *clases* en el seno de la sociedad. Además, el esquema marxista alberga la idea de progreso, a lo largo de una cadena determinista que incluye entre sus eslabones históricamente recientes la emergencia de la burguesía y la dictadura del proletariado, antesala de la verdadera sociedad comunista, que requerirá de cada uno "según su capacidad" y proveerá a cada quien "según su necesidad". La idea de progreso evolutivo es ajena al darwinismo, que insiste en la supervivencia como único criterio de mérito.

Fue Engels quien articuló esta crítica del darwinismo en el *Anti-Dühring* y otros escritos, al señalar que el concepto de lucha por la existencia no hacía más que trasladar el individualismo victoriano al campo de la sociología, continuando una tradición que se remontaba a la visión expresada por Hobbes en el *Leviatán*, basada en el conflicto generalizado como estado natural de las agrupaciones humanas, que sólo eran capaces de emanciparse de la anarquía sometiendo sus libertades primigenias a la voluntad de un soberano.

Como muestra el caso Lysenko, casi un siglo después de su primer contacto, el prospecto de una síntesis de darwinismo y marxismo seguía siendo lejano. En nuestros días dicha síntesis se antoja menos urgente que nunca, dado el fracaso en la aplicación práctica de esta última teoría.

VI. DARWIN Y COPÉRNICO

Si la teoría de evolución de Darwin hubiera nacido en el contexto filosófico de los Upanishadas, que considera un universo oscilante entre la organización y el caos, muy probablemente el autor habría pasado menos apuros para convencer a sus contemporáneos. La idea de cambio perenne habría resultado familiar a sus oyentes, reduciéndose su responsabilidad a explicar y fundamentar empíricamente a la selección natural como mecanismo de evolución. La ineficiencia y crueldad de este filtro, repugnantes para el mismo Darwin, se habrían interpretado en ese horizonte cultural como un signo inequívoco de que nos encontramos en una etapa de disolución cósmica, gobernada por el conflicto. Una "edad de confusión", la habría llamado Confucio.

El contexto histórico, sin embargo, fue distinto. La teoría se engendró dentro de una tradición cultural que tiene como una de sus dos grandes vertientes a la concepción judeo-cristiana del mundo, con su origen fijo del tiempo en el acto divino de creación,[1] con su visión estacionaria del cosmos, perturbada tan sólo por la catástrofe del Diluvio, y con el hombre en una posición muy especial, ya sea como un ángel caído o como el único ser con alma, creado a imagen y semejanza de la divinidad. Se propone además en este contexto una interacción constante del creador del mundo con su obra, por medio de mensajes a personas elegidas y a través de milagros.

La cosmología pitagoreana, elemento central de la vertiente griega en el horizonte cultural europeo, también coloca a la Tierra en el centro del universo, y le asigna a éste una estructura matemática cuyas simetrías fundamentales involucran números enteros y pequeños. Esta noción de números enteros en las leyes básicas que describen a los fenómenos naturales ha tenido una influencia enorme en el desarrollo de la ciencia, y se originó en una analogía con la emergencia de la música al combinar sonidos cuyas frecuencias al dividirse conducen a fracciones simples como 1/2, 2/3, 3/4, etc. La posición especial del hombre se acentúa con la división del cosmos en dos regiones, una bajo la esfera de la luna, perecedera en su contenido y habitantes, y otra más allá de dicha esfera,

[1] El año 4004 antes del nacimiento de Cristo, según conteos genealógicos basados en la Biblia. La creación del hombre habría tenido lugar a las 9 de la mañana del domingo 23 de octubre de ese año, de acuerdo con los cálculos más precisos.

con elementos eternos. En palabras de Moses Maimónides (1135–1204) en su *Guía de los Perplejos*:[2]

> Todo lo que dice Aristóteles sobre lo que se encuentra bajo la esfera de la luna está de acuerdo con la razón. [...] Sin embargo, en relación con todo lo que está en los cielos, el hombre comprende sólo una pequeña porción de lo que es matemático.

Estas dos corrientes de la cultura europea pudieron combinarse con cierto grado de coherencia por medio de la Escolástica, que permitía la investigación física y matemática del mundo, sujeta a la restricción de que prosiguiera en cada caso hasta la demostración de que el conocimiento adquirido no contradecía las escrituras religiosas. La Revolución científica del siglo XVII destruyó esta coherencia, abriendo una brecha creciente entre la versión religiosa y la científica sobre el origen, funcionamiento y destino del cosmos. La teoría de Darwin convirtió esta fisura en un abismo.

Principio antrópico

La disonancia entre el conocimiento científico moderno y la visión religiosa del mundo ha tenido entre sus corolarios una disminución progresiva de nuestra percepción de relevancia humana en el cosmos. El primer golpe fue dado por Copérnico (1473–1543). Su sistema del mundo desplazó a la Tierra del centro del universo y colocó en su lugar al Sol. Un siglo más tarde, Galileo comprobó por medio de un telescopio construido por él mismo que el sistema planetario no es una singularidad en los cielos, al descubrir uno análogo con Júpiter en el centro y sus satélites girando en la periferia. Newton afirmó más adelante que la fuerza de gravedad, que conduce al movimiento planetario, existe entre todo par de cuerpos con masa. A finales del siglo XVIII William Herschel mostró, con un nuevo y potente telescopio, que muchas nebulosas son enormes agregados de estrellas como el Sol. Esto convirtió al centro del sistema planetario en un astro indistinguible de miles de millones de estrellas visibles a través del telescopio. Por la misma época Laplace publicó su famoso sistema del mundo, según el cual los planetas y el Sol se habían formado por condensación de una nebulosa giratoria, alrededor de un núcleo central y varios secundarios. Interrogado por Napoleón sobre la razón por la que Dios no aparecía en su esquema, Laplace respondió que constituía una hipótesis innecesaria en el análisis.

[2] S. Sambursky, *Physical Thought from the Presocratics to the Quantum Physicists*, Pica Press, Nueva York, 1974, p. 147.

La reducción del significado cósmico del hombre alcanza su clímax en el llamado principio cosmológico, sostén conceptual de la mayor parte de las teorías modernas sobre el universo. De acuerdo con este principio el cosmos es homogéneo e isotrópico cuando se le considera utilizando escalas suficientemente grandes; es decir, tiene el mismo aspecto y las mismas propiedades, observado desde cualquiera de sus puntos y en cualquier dirección. De hecho existe una versión del principio cosmológico que extiende esta uniformidad espacial del universo al tiempo, postulando que siempre ha sido así: no posee ningún punto ni dirección especial, ni lo ha poseído nunca.

La desazón actual salta a la vista confrontando las opiniones de dos cosmólogos renombrados, separados por doscientos años de progreso científico. Decía Thomas Wright, en 1750, anunciando su descubrimiento de las galaxias:[3]

> En esta gran creación celestial la catástrofe de un planeta como el nuestro, o aún la total disolución de un sistema de mundos, puede ser para el gran Autor de la Naturaleza equivalente al más común accidente de la vida diaria para nosotros, y con toda probabilidad dichos cataclismos finales y definitivos son tan frecuentes en los cielos como nacimientos y muertes aquí en la tierra. Esta idea me parece tan maravillosa, que nunca puedo mirar a las estrellas sin preguntarme por qué todo el mundo no se vuelve de astrónomos, y cómo hombres dotados de sentido y razón pueden ignorar una ciencia tan capaz de aumentar su entendimiento, convencerlos de su inmortalidad y reconciliarlos con todas esas pequeñas dificultades inherentes a la condición humana, sin la menor ansiedad.

La euforia de Wright puede compararse con el terso y sombrío epílogo de Steven Weinberg a su libro de 1977, *Los primeros tres minutos*,[4] sobre el origen del universo según la teoría de la "gran explosión":[5]

> Entre más comprensible se vuelve el universo, más sin sentido aparece.

Si tal es la cosecha de dos mil años de esfuerzo de muchas de las mejores mentes de la especie por comprender nuestro lugar en el mundo, cabe preguntarse si esta aventura intelectual ha valido la pena. Y el

[3] F. Dyson, "Time without End: Physics and Biology in an Open Universe", *Reviews of Modern Physics* 51, núm. 3, 1979, pp. 447–460.

[4] S. Weinberg, *The First Three Minutes*, Bantam Books, Nueva York, 1977, p. 144.

[5] *Big Bang.* De acuerdo con esta teoría el universo se originó en una explosión, lo que explicaría el incremento de su velocidad de expansión con la distancia (los fragmentos más alejados en la actualidad son los que fueron expelidos más rápidamente), y la existencia de una radiación que lo baña uniformemente, que sería una reliquia electromagnética de aquel chispazo.

pesimismo de Weinberg provenía de considerar tan sólo el aspecto físico de nuestra orfandad. Podemos imaginar su desilusión si hubiera considerado la verdadera magnitud de nuestra soledad, revelada por la teoría de Darwin.

Una medida del anhelo de relevancia cósmica la da el llamado "principio antrópico", según el cual las características del universo están condicionadas por el fenómeno de nuestra existencia. Dichas características dependen de los valores de las constantes físicas fundamentales, como la velocidad de la luz, la carga del electrón, la constante gravitacional de Newton, la constante de Planck, la constante de Boltzmann[6] y la constante de Hubble, entre otras.[7] El tamaño y luminosidad de las estrellas, las distancias planetarias, las velocidades de las reacciones químicas y todas las demás propiedades del entorno pueden expresarse en términos de este pequeño conjunto de parámetros, cuyos valores, lejos de ser arbitrarios, están determinados según el principio antrópico por la existencia de seres suficientemente complejos como para discutir estas cuestiones. Por ejemplo, si la constante gravitacional tuviera un valor apreciablemente mayor que el observado, se aceleraría como consecuencia la evolución de las estrellas. Un astro como el Sol habría alcanzado entonces su etapa de gigante rojo miles de millones de años atrás, envolviendo a los planetas con sus capas externas y acabando así con la vida en la Tierra mucho antes de que hubiera podido engendrar al hombre. Variaciones individuales o combinadas de las demás constantes producirían efectos igualmente dramáticos.

El principio antrópico apareció en cosmología en la década de los sesenta, y su formulación ha variado apreciablemente desde entonces como resultado del esfuerzo por otorgarle poder predictivo.[8] Al hacer depender las constantes fundamentales de restricciones humanas se invierte la relación tradicional de causa y efecto. La contorsión lógica que esto representa ha vuelto el principio inaceptable para la mayoría de los astrónomos, pero entre quienes lo adoptan como hipótesis de trabajo se encuentran algunos de los más distinguidos. Su posible mérito científico es una cuestión no clarificada aún, y más bien irrelevante en nuestro argumento. Lo que importa para nosotros es que se haya concebido semejante posibilidad en el medio científico, tan propenso a

[6] La constante de Boltzmann se utiliza en el estudio de sistemas macroscópicos, y determina sus probabilidades de encontrarse en los diversos estados moleculares congruentes con la información externa sobre ellos (su presión, temperatura, volumen, etc.).

[7] La constante de Hubble mide la rapidez de expansión del universo. Específicamente, dados dos puntos cualesquiera, su velocidad relativa de alejamiento dividida entre la distancia entre ellos es igual a esta constante.

[8] P. Davies, *The Accidental Universe*, Cambridge University Press, Nueva York, 1982.

ridiculizar variables y sentimientos ocultos. Grande debe ser entonces el vacío de espíritu que aspira a llenar.

Ciencia y ética

Es indiscutible y justa la celebridad de los grandes descubrimientos astronómicos de Galileo, realizados con un telescopio que construyó basado en noticias sobre instrumentos ópticos inventados en Flandes, que permitían distinguir objetos lejanos como si estuvieran a un paso del observador. Su descripción de las fases de Venus, el hallazgo de las lunas de Júpiter y el descubrimiento de que la Vía Láctea es una inmensa concentración de estrellas, son sucesos extraordinarios en la historia de la ciencia. Menos conocido es el hecho de que estas famosas observaciones las realizó con el *segundo* telescopio que fabricó; el primero lo había obsequiado al Duque de Venecia, para que pudiera vigilar con él a los barcos enemigos cuando se encontraran aún a gran distancia de sus dominios.

El determinismo del esquema newtoniano halló su expresión mejor conocida en una frase de Laplace, según la cual un ser que conociera en un instante dado las posiciones y velocidades de todos los componentes del universo, y las fuerzas entre ellos, estaría en posición de conocer el futuro del mundo, lo que lograría aplicando sus ecuaciones de movimiento a dichos componentes. En un sistema semejante, donde todo "está escrito" al ser cada evento un efecto de causas que a su vez son efecto de otras que se pierden en el remoto pasado, la voluntad no existe, y una persona no puede ser considerada cabalmente responsable de sus acciones, pues el control de ellas corresponde a las condiciones iniciales del mundo y a sus leyes de interacción.

El positivismo, con su insistencia en criterios de veracidad basados en preceptos científicos, dio lugar, en el caso mexicano, a la integración del grupo de los "Científicos", empeñados en reducir la sociedad a un mecanismo. Su herencia fue el sufrimiento y alienación de grandes sectores de la población, y una marcada fragilidad de la estructura social, demostrada por la veloz desintegración del régimen porfiriano en los primeros meses de la revolución de 1910.

Los párrafos anteriores ilustran con su disimilitud la gama y profundidad de las consecuencias para *Homo sapiens* de una de las concepciones mayores de su intelecto, el método científico. Es innegable por otro lado que, tras socavar los cimientos tradicionales de la ética, las ciencias naturales se han mostrado hasta la fecha inadecuadas para suministrar un adecuado basamento alternativo. La ignorancia o desdén por los resultados científicos, sin embargo, es un lujo que no pueden permitirse las sociedades al elaborar sus códigos de conducta. En relación con la biología, conviene recordar la afirmación de Wilson mencionada en el capítulo III, de que los grupos sociales que menosprecian la componente instintiva en el comportamiento de sus miembros, lo hacen bajo su propio riesgo. Esta advertencia puede interpretarse también en un sentido positivo, como una indicación de que existen facetas del bien y del mal que tienen raíz biológica, y que la teoría de Darwin jugará un papel relevante en su identificación.

INERCIA CULTURAL

La erradicación, incluso individual, de concepciones dominantes en un contexto cultural dado, es un proceso lento que nunca parece completarse del todo. Los creacionistas actuales, por ejemplo, se obstinan en defender con argumentos de carácter científico su interpretación literal del Génesis. Consideran a los fósiles como restos de organismos que perecieron durante el Diluvio, y a las rocas sedimentarias como resultado de la erosión de las montañas a consecuencia del mismo fenómeno. Esto los lleva a negar la credibilidad de los métodos cronométricos radioactivos, los cuales se basan en el mismo acervo científico sobre el que tratan de cimentar sus ideas. Cuando defienden la veracidad de sucesos como la salvación de todas las especies terrestres en el arca de Noé, lo hacen a un precio conceptual mayor que el anterior, pues deben contradecir la lógica más elemental en relación con los requerimientos de espacio para contener millones de parejas de animales, por no mencionar el alimento necesario para varias semanas de confinamiento.

Resulta sorprendente que la inercia cultural haya empañado en momentos claves la imaginación de algunas de las mejores mentes científicas. Un caso particularmente notable es el de Einstein. Al aplicar su teoría general de relatividad al problema de la estructura global del cosmos, encontró que sus ecuaciones no admitían soluciones estacionarias (independientes del tiempo). En particular, el radio que predecían para el universo era necesariamente creciente o decreciente como función del tiempo. Confrontado con una posibilidad que contradecía supuestos básicos de su contexto cultural, Einstein flaqueó y modificó la teoría con un término postizo en sus ecuaciones, el cual le permitió obtener soluciones estacionarias, correspondientes a un universo de tamaño inmutable. Pocos años más tarde Edwin Hubble descubrió que las galaxias se alejan de nosotros en todas direcciones, y nació el concepto de un universo en expansión. Lo que pudo haber sido la predicción cimera de

Einstein se convirtió en motivo de remordimiento; disgustado consigo mismo eliminó el término extra de sus ecuaciones[9] y llamó al episodio el "error de su vida".

Otro ejemplo de resistencia al cambio, por parte ahora del medio científico al cual dirige el investigador su trabajo, lo ofrece la teoría de platos tectónicos móviles,[10] propuesta en 1912 por Alfred Wegener (1880–1930). En su tiempo el modelo geológico dominante consideraba a la Tierra como una esfera en contracción, debido a su continuo enfriamiento por emisión de calor hacia el espacio. Esto explicaba el origen de los montes y las aguas en términos de la formación de arrugas en la superficie terrestre: las partes elevadas de los plegamientos serían las montañas, y las depresiones entre ellas suministrarían el fondo de lagos y mares. La concordancia de costas en ambos lados del Atlántico se suponía accidental, y la similitud de formaciones geológicas y restos fósiles en regiones geográficamente complementarias de África y Sudamérica se atribuía a la existencia de puentes continentales hoy desaparecidos.

Según la teoría de Wegener[11] la correspondencia geométrica entre costas en ambos lados de los océanos se debe a la existencia en el pasado remoto de una gran masa continental a la que llamó *Pangea*,[12] la cual se fracturó dando lugar a varios fragmentos que constituyen los continentes actuales, que viajan flotando lentamente sobre un material más denso cuya fluidez proviene de su alta temperatura. Las velocidades de los continentes se han medido con precisión durante las dos décadas pasadas, y son del orden de algunos centímetros por año. Un objeto moviéndose a cinco centímetros por año recorrerá en cien millones de años cinco mil kilómetros, que representan una fracción considerable de la circunferencia terrestre (cuarenta mil kilómetros). La evidencia disponible parece indicar[13] que la formación y desintegración de supercontinentes como *Pangea* es un proceso cíclico que dura alrededor de quinientos millones de años, que equivalen aproximadamente al doble del periodo típico de vida de los mares, pues éstos nacen entre continentes que divergen, y desaparecen debido a su convergencia en la siguiente mitad del ciclo. Las zonas de máxima

[9] La llamada constante cosmológica, que ha sido "resucitada" por diversos investigadores a lo largo del siglo, especialmente en años recientes, para construir modelos del universo.

[10] También llamada deriva continental.

[11] A. Hallam, "Alfred Wegener and the Hypothesis of Continental Drift", en *Scientific Genius and Creativity,' Readings from Scientific American*, W. H. Freeman & Co., Nueva York, 1982.

[12] "Toda la Tierra", en griego.

[13] J. Murphy y R. Nance, "Mountain Belts and the Supercontinent Cycle", *Scientific American* **266**, abril de 1992, pp. 34–41.

actividad tectónica[14] son las fronteras de las placas continentales y oceánicas,[15] a través de las cuales ejercen entre sí enormes fuerzas de tensión, corte y compresión debido a sus movimientos relativos.

En la actualidad la teoría de la deriva continental ocupa un lugar destacado en nuestro edificio científico. La evidencia experimental en su favor es firme y sus predicciones sobre correlación geográfica de fósiles y yacimientos minerales han sido verificadas en múltiples ocasiones. Pero su triunfo data de los años sesenta, cuando la exploración del fondo marino reveló zonas de emergencia de nuevo material para las placas oceánicas en crecimiento. Durante los cincuenta años previos, la teoría de Wegener tuvo una historia de altibajos. Tras una recepción inicial positiva en algunos círculos científicos, fue severamente atacada por los geólogos profesionales, ridiculizada y condenada al olvido durante décadas. Esta reacción de los expertos resulta incomprensible desde la perspectiva actual, pues a más de atacar la nueva teoría defendían un modelo alternativo cuyas deficiencias fundamentales, que hoy se antojan obvias, habían sido expuestas claramente por Wegener en la defensa de sus ideas.

Wegener señaló que la hipótesis de contracción terrestre conducía a una distribución geográficamente uniforme de las cadenas montañosas, lo cual contradice el hecho evidente de que las montañas están agrupadas en un número pequeño de extensas cordilleras, como el sistema Andes–Sierra Madre–Rocallosas en América, los Urales y los Himalayas en Asia, etc. Además, la distribución de alturas terrestres entre el pico más elevado y el fondo marino más profundo debía ser estadísticamente uniforme según la misma hipótesis, y esto contradice también la realidad, pues, como demostró Wegener, la superficie terrestre se distribuye preferentemente en dos alturas bien diferenciadas, que corresponden en el lenguaje actual a los niveles promedio de las placas continentales y de las oceánicas, respectivamente (*cf.* figura VI.1).

El eclipse de la teoría de Wegener se volvió total tras un simposio de la Asociación de Geólogos Americanos del Petróleo en 1928, donde los participantes cuestionaron la mayor parte de la evidencia empírica en favor de sus ideas, juzgaron inadecuado su análisis teórico y algunos terminaron poniendo en duda sus credenciales científicas. En palabras de uno de los asistentes,[16]

[14] Volcanismo, terremotos, etcétera.

[15] Placas de 50 a 100 kilómetros de espesor, que flotan sobre el magma (material fluido) subyacente.

[16] *Scientific Genius and Creativity, Readings from Scientific American*, W. H. Freeman & Co., Nueva York, 1981, p. 82.

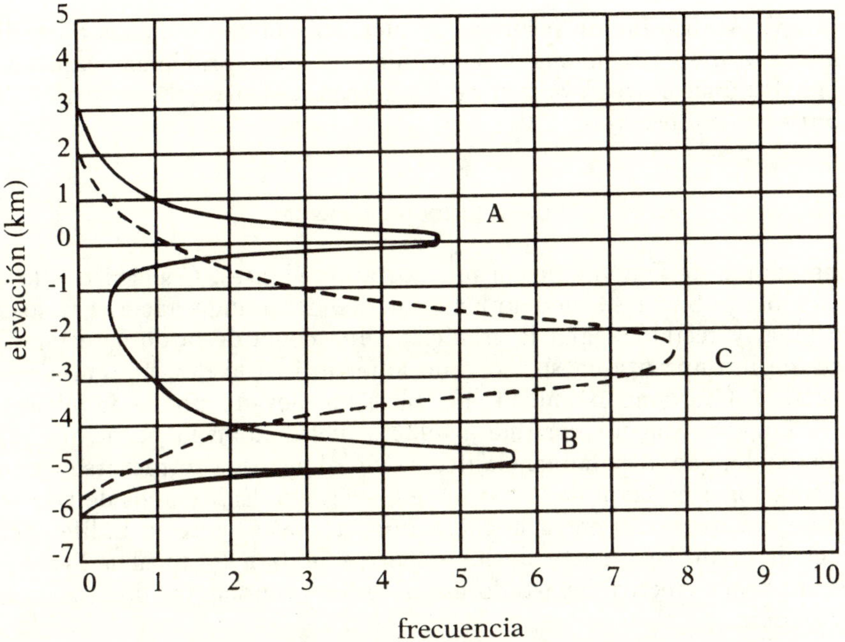

FIGURA VI.1. *Distribución de alturas terrestres.* Gráfica de elevaciones *vs.* frecuencia de aparición (línea sólida). La superficie terrestre se concentra en dos niveles fundamentales, correspondientes a las plataformas continentales (A) y las oceánicas (B). Si la distribución de alturas fuera azarosa (línea punteada), se concentrarían simétricamente alrededor de un solo punto (C), la altura media de la Tierra (2.44 kilómetros bajo el nivel del mar, que define el origen en el eje de elevaciones). (Tomado de A. Hallam (1975), *op. cit.*, p. 82.)

> Se tomó libertades con nuestro planeta [...], jugando un juego sin reglas restrictivas ni un código definido de conducta.

Wegener no era un geólogo profesional, lo que explica el celo y la audacia de la turba de los expertos. Había obtenido un doctorado en astronomía de la Universidad de Berlín, y dedicado su energía con intensidad y distinción a la naciente ciencia de la meteorología. Como miembro de una expedición meteorológica a Groenladia realizó en los inicios del siglo el viaje más largo sobre hielo intentado hasta esa fecha. Murió en 1930 durante otra expedición a Groenlandia, probablemente por un ataque cardíaco inducido por el exceso de esfuerzo físico. Aunque el problema de los platos tectónicos lo absorbió profundamente, las exigencias de su actividad central (la meteorología) le impidieron defender su teoría con la efectividad de Darwin en el caso de la selección natural. Ambos fueron personas afables, parcialmente ajenas al medio en el que presentaron sus descubrimientos sobre problemas capitales. Uno tituló su libro *El origen de las especies*; el otro, *El origen de los continentes y océanos.*

Los apuros de Darwin

Los apuros de Darwin tienen muchos antecedentes. Copérnico sólo se atrevió a publicar su modelo heliocéntrico del mundo hacia el final de su vida, y recibió, según la tradición, una copia de la obra recién salida de la imprenta en su lecho de muerte. El filósofo, matemático y ocultista Giordano Bruno (1548–1600) fue llevado por la Inquisición a la hoguera con un horrible artefacto metálico en la boca, que clavaba su lengua al paladar. Galileo se vió obligado a retractarse de sus afirmaciones en favor de la teoría de Copérnico. En tiempos de Darwin nadie era quemado en la hoguera por sus ideas, pero la indiferencia y el descrédito de parte de los expertos podían (y pueden hasta la fecha) tener efectos devastadores sobre los proponentes de teorías no ortodoxas.

Ludwig Boltzmann (1844–1906), hoy considerado una de las figuras mayores de la física, desarrolló su teoría estadística de los gases en un ambiente científico hostil. La teoría permite calcular propiedades termodinámicas de los sistemas como su presión y energía interna, basándose en conteos estadísticos de sus estados moleculares. Pero las moléculas no pudieron observarse directamente hasta este siglo, por lo que para los físicos positivistas del siglo pasado no eran más que "entes ocultos", y por lo tanto inadmisibles en una teoría legítima. A pesar de las aplicaciones exitosas de su construcción teórica, Boltzmann llevó frecuentemente la peor parte en su debate con los positivistas, lo que le acarreó ataques de depresión que finalmente lo orillaron al suicidio.

Pero en razón de la justicia, hay que añadir que en ciertos casos la resistencia a la novedad se ha basado en argumentos que ameritan atención por su congruencia. En el juicio de Galileo, por ejemplo, el comisario general de la Inquisición lo increpó, palabras más, palabras menos, en los términos siguientes: "A través de los siglos, basados en las Escrituras, hemos construido una visión del mundo de acuerdo con la voluntad divina, donde cada persona conoce su lugar y lo acepta por convicción. Así hemos minimizado el conflicto y el sufrimiento. En este esquema de cosas la Tierra ocupa el centro del universo, como corresponde al foco de atención de su creador. Y de pronto apareces tú, afirmando que nuestra solución es falsa, que vagamos en un planeta que gira por el espacio. ¿Tienes idea de la perturbación de la paz que causas con ello? ¿Te imaginas con derecho a hacerlo?". No resulta sencillo contradecir razonamientos de tal envergadura.

En el caso de Darwin los atacantes nunca han esgrimido argumentos de altura comparable con la del recién descrito, pero más de un defensor de la teoría ha sentido la necesidad de poblar con signos propicios la soledad que acarrea su esquema evolutivo. El mismo Thomas Huxley, "bulldog de Darwin", propuso cimentar el edificio ético en las facultades del intelecto, y definir nuestro humanismo en términos de la contradicción voluntaria de aquellas consecuencias de la selección natural intolerables por su rigidez o crueldad. Tal mecanismo para esquivar la selección natural, proveniente de uno de sus aliados más constantes, habría seguramente arrancado otro gemido de Darwin, de no haber sido porque fue propuesto años después de su muerte.

VII. HIPÓTESIS GAIA

"¡LA TIERRA es inteligente!", exclamó en alguna ocasión Pitágoras. Esta convicción de que el planeta entero está vivo ha sido expresada por místicos y religiosos a lo largo de la historia. El animismo se basa en la proposición de que *el universo* está dotado de vida, o al menos de espiritualidad, lo que permite nuestra interacción inteligente con sus diversas partes, y confiere la capacidad de modificar el curso de sus fenómenos por medios que trascienden a las leyes naturales. Esta posibilidad constituye un denominador común del panteísmo, el shamanismo, la hechicería y demás nociones y prácticas afines. En el ámbito científico, durante las dos últimas décadas se ha refinado conceptualmente y ha consolidado su fundamento experimental la *hipótesis Gaia*, según la cual el conjunto de los seres vivos ha determinado a lo largo de su evolución las características físicas de la biósfera relevantes para la vida, optimizándola de acuerdo con diversos criterios de mérito y confiriéndole estabilidad frente a perturbaciones.

La biósfera es el estrato terrestre que contiene a los seres vivos o está en interacción directa con ellos. Comprende la región inferior de la atmósfera, los continentes y los mares; su espesor es de unos veinte kilómetros, diez por encima y diez por debajo del nivel del mar. Los parámetros de la biósfera más relevantes para la vida son su temperatura y su composición química. Los valores óptimos de estas características son aquellos que permiten el funcionamiento de los seres vivos en regímenes de operación que favorecen su supervivencia. Algunos de los criterios de mérito considerados a la fecha son máxima eficiencia, máxima potencia y mínima producción de entropía en los procesos metabólicos. La biósfera puede ser perturbada por agentes terrestres como las erupciones volcánicas o el movimiento de platos tectónicos, y por agentes externos como variaciones en la radiación solar o impactos de cometas y meteoritos. La estabilidad conferida por los seres vivientes consistiría según esta hipótesis, en el control biológico de los mecanismos de restauración de la biósfera a su condición original, tras haber sido alterada por algún agente interno o externo.

Por supuesto el único criterio darwiniano de mérito es la supervivencia, y su relación con los propuestos en el contexto de la hipótesis Gaia (máxima eficiencia, mínima producción de entropía, etc.) debe demostrarse en cada caso particular. Esto representa un problema difícil, pues implica cuantificar el efecto de cantidades como eficiencia y potencia de los procesos metabólicos de un individuo dado, en términos de su efecto sobre la probabilidad de supervivencia.

La dificultad mencionada en el párrafo anterior es de carácter técnico, y se "reduce" al análisis del efecto fisicoquímico de muchas variables fisiológicas y ambientales en interacción. Otros problemas de la hipótesis Gaia con el esquema darwiniano son de carácter conceptual y alcanzan los cimientos de este último. El primero de ellos proviene de aplicar una noción de competencia al caso de un sólo sistema vivo en el ambiente, representado por el conjunto de todos los habitantes de la biósfera. El segundo se refiere al funcionamiento concertado de los seres vivos, indispensable para otorgar estabilidad a la biósfera frente a perturbaciones. La transición de la lucha generalizada entre individuos a la consonancia global, involucra muchos niveles intermedios hasta hoy no identificados adecuadamente.

El problema de optimización en ausencia de competencia "entre biósferas" no es simple. Una posibilidad de acercamiento a la visión evolutiva de Darwin sería imaginar biósferas caracterizadas por otros valores de la temperatura y composición química, sujetas a los mismos flujos externos de materia y energía que la biósfera existente, y demostrar que serían en algún sentido menos propicias que ella para la vida. Esto requeriría contar con una definición satisfactoria del estado viviente, una de las metas aún lejanas de la biología. Otra manera de interpretar la optimización global sería en base al fenómeno de simbiosis, o sea de la asociación cooperativa de dos o más seres vivientes, de tal manera que el grado de adaptación del sistema compuesto a su ambiente es mayor que el de sus elementos por separado. Analizados desde este punto de vista, los dos problemas mencionados en el párrafo anterior se tornan equivalentes. La simbiosis sería el puente entre la competencia individual y la concertación colectiva, y la estabilidad resultante del sistema [seres vivos] + [biósfera] = [Gaia] sería el ejemplo supremo de un fenómeno cooperativo.

La emergencia de orden a partir del caos subyacente no es un fenómeno novedoso. En economía, el mercado constituye un sistema cuyas regularidades colectivas nacen de la competencia individual, de acuerdo con la concepción original de Adam Smith. En física, el comportamiento ordenado (termodinámico) de los sistemas macroscópicos aflora al realizar promedios estadísticos sobre el caos molecular. Sin embargo, para el caso biológico no ha sido todavía posible construir la "termodinámica simbiótica" de Gaia a partir de la competencia darwiniana en el nivel individual.

La simbiosis no embona de una manera sencilla con la estructura darwiniana.[1] De acuerdo con ésta todo sistema simbiótico debe tener como antecedente evolutivo una situación de competencia entre individuos, y como resultado una mejor adaptación al entorno que la lograda por sus componentes. Hasta la fecha no ha sido posible reconstruir de manera clara en ningún caso los eslabones de transición entre estos dos regímenes de interacción.

Según una interpretación del parasitismo y las enfermedades infecciosas, estaríamos en ambos casos en presencia de relaciones antagónicas transitorias cuyo resultado será, eventualmente, ya sea la extinción de una o las dos especies involucradas, o una integración simbiótica como la representada por la bacteria *Escherichia coli* en el intestino humano.[2] Con base en un razonamiento similar se ha propuesto a la simbiosis como el vehículo primario de evolución. De acuerdo con dicho argumento se interpretan las células eukariotas (o sea, aquellas con núcleo) como el resultado de la integración simbiótica de al menos tres tipos de bacterias y algas, que serían los ancestros del núcleo celular y de organelos como los mitocondrios y cloroplastos.[3] En su versión extrema esta noción asignaría a la lucha por la existencia un papel secundario, de estado transiente en la consecución de la meta representada por la simbiosis.

En un contexto todavía más amplio, la simbiosis ha sido concebida como manifestación de un principio organizador que opera en todas las escalas del universo, desde la sub-nuclear hasta la cosmológica, produciendo estructuras intrínsecamente similares debido a su origen común. La segunda ley de la termodinámica, que implica un crecimiento constante del desorden molecular en los procesos macroscópicos, describiría el efecto de un principio contrario, desorganizador, y la dinámica del mundo se entendería como el resultado del conflicto perenne y ubícuito entre estas dos tendencias primordiales.[4] Este esquema es análogo al de Henri Bergson (*cf.* capítulo III), si se interpreta a la simbiosis como la restricción del *èlan vital* al ámbito biológico, y al principio desorganizador contenido en la segunda ley de la termodinámica como el equivalente de la inercia o resistencia al cambio de la materia.

[1] *Cf.* capítulo II.

[2] Véase por ejemplo Lewis Thomas, *The Lives of a Cell*; Bantam Books, Nueva York, 1979.

[3] Lynn Margulis, "Symbiosis and Evolution", *Scientific American* **225**, 1971, pp. 48–57.

[4] L. B. Young, *The Unfinished Universe*, Simon and Schuster, Nueva York, 1986.

EVIDENCIA EXPERIMENTAL

La hipótesis Gaia identifica a la biósfera y los seres vivos que contiene como un gran sistema organizado, y requiere por lo tanto una visión global del planeta. No es fortuito entonces que haya sido propuesta hasta la segunda mitad del presente siglo, después de que los satélites habían otorgado la perspectiva adecuada de nuestro hábitat. Según el astrónomo Fred Hoyle es esta perspectiva unificada la herencia mayor de la era espacial, y a juzgar por las posibilidades conceptuales abiertas por la hipótesis Gaia, su juicio no está exento de veracidad. Por supuesto puede argumentarse que una idea global del mundo existía desde el viaje de Magallanes en el siglo XVI, y que empresas transnacionales como la East India Company inglesa habían vuelto urgente desde el siglo pasado la consideración de cuestiones económicas y ecológicas mundiales,[5] por no mencionar las repercusiones generalizadas de las dos guerras mundiales. Sin embargo, la capacidad de medir en tiempos razonablemente cortos parámetros de la biósfera como su temperatura y composición química y de detectar sus fluctuaciones en intervalos aún menores, fue adquirida por nuestra especie sólo a partir del *Sputnik*.

La hipótesis Gaia fue propuesta por James Lovelock y Lynn Margulis en 1974.[6] Lovelock había colaborado en el proyecto de exploración de Marte por medio de la sonda espacial Viking, diseñando experimentos para buscar vida en ese planeta. Su tarea encomendada requería una definición general del estado viviente, y lo familiarizó con este profundo problema y con las características físicas de la atmósfera marciana, tan distinta de la terrestre. El cuadro VII.1 muestra las concentraciones de algunos gases en las atmósferas de Venus, la Tierra y Marte, junto con las correspondientes a una Tierra sin vida de acuerdo con dos modelos fisicoquímicos distintos.

Aunque estos tres planetas son comparables en sus masas y en sus distancias al Sol, las concentraciones de sus componentes gaseosos resultan extraordinariamente distintas. Las atmósferas de Venus y Marte se acercan en su composición al estado de equilibrio termodinámico. La atmósfera terrestre, en cambio, se encuentra muy alejada del equilibrio, y constituye en palabras de Lovelock y Margulis una combinación gaseosa prácticamente explosiva, cercana en este sentido a la mezcla que hay en un cilindro de motor de automóvil antes de la ignición. Si la concentración de oxígeno fuera ligeramente mayor (25% en lugar del

[5] R. H. Grove, "Origins of Western Environmentalism", *Scientific American* **267**, julio de 1992, pp. 22-27.

[6] J. Lovelock y L. Margulis, "Atmospheric Homeostasis By and For the Biosphere: The Gaia Hypothesis", *Tellus* **XXVI**, 1974, pp. 1-9.

20% observado), aun las selvas tropicales estarían en peligro constante de incendiarse tras un relámpago, y a concentraciones mayores de este gas el riesgo de combustión espontánea (sin necesidad de un chispazo) sería muy elevado en toda la Tierra.

CUADRO VII.1. Presiones parciales (en milibares) de algunos gases de importancia biológica, en Venus, la Tierra y Marte. Las dos últimas columnas se refieren a dos modelos hipotéticos: uno de "Tierra muerta", donde los procesos biológicos son removidos del planeta (D), y otro cuyos parámetros se obtienen de una interpolación geométrica entre los de Venus y Marte. (Tomado de J. Lovelock y L. Margulis (1974), *op. cit.*, p. 4).

Gas	*Venus*	*Tierra*	*Marte*	*D*	*I*
CO_2	90 000	0.3	5	0.3—1 000	300
N_2	1 000	780	0.05	1	30
O_2	0	210	0.1	1	0.3

La diferencia más evidente entre las atmósferas mencionadas es la presencia de vida en la Tierra, y su ausencia en los otros dos planetas. Ciertas características peculiares de la atmósfera terrestre favorecen los procesos biológicos. Su capa superior de ozono, por ejemplo, absorbe la radiación ultravioleta, letal para los seres vivos; su alto contenido de vapor de agua constituye otro filtro de la radiación solar, que deja pasar hacia la superficie precisamente aquellas frecuencias utilizadas en la fotosíntesis y detectadas por la retina (figura VII.1).

La hipótesis Gaia nació de la suposición de que estas peculiaridades de la atmósfera terrestre no son accidentales, sino que deben su origen al requerimiento de posibilitar y optimizar los procesos biológicos. En un lenguaje no del todo metafórico, la atmósfera constituye el pulmón global de la biósfera, el sitio de sus intercambios gaseosos y la membrana que protege a la vida de radiaciones perjudiciales. La investigación se ha concentrado hasta ahora en tratar de identificar fenómenos biológicos reguladores de la temperatura y composición de la biósfera, responsables por tanto de su gran estabilidad frente a perturbaciones. El grupo de académicos involucrados es todavía relativamente pequeño, y el número de experimentos discutidos aún menor, dado el alto costo derivado de su carácter global.

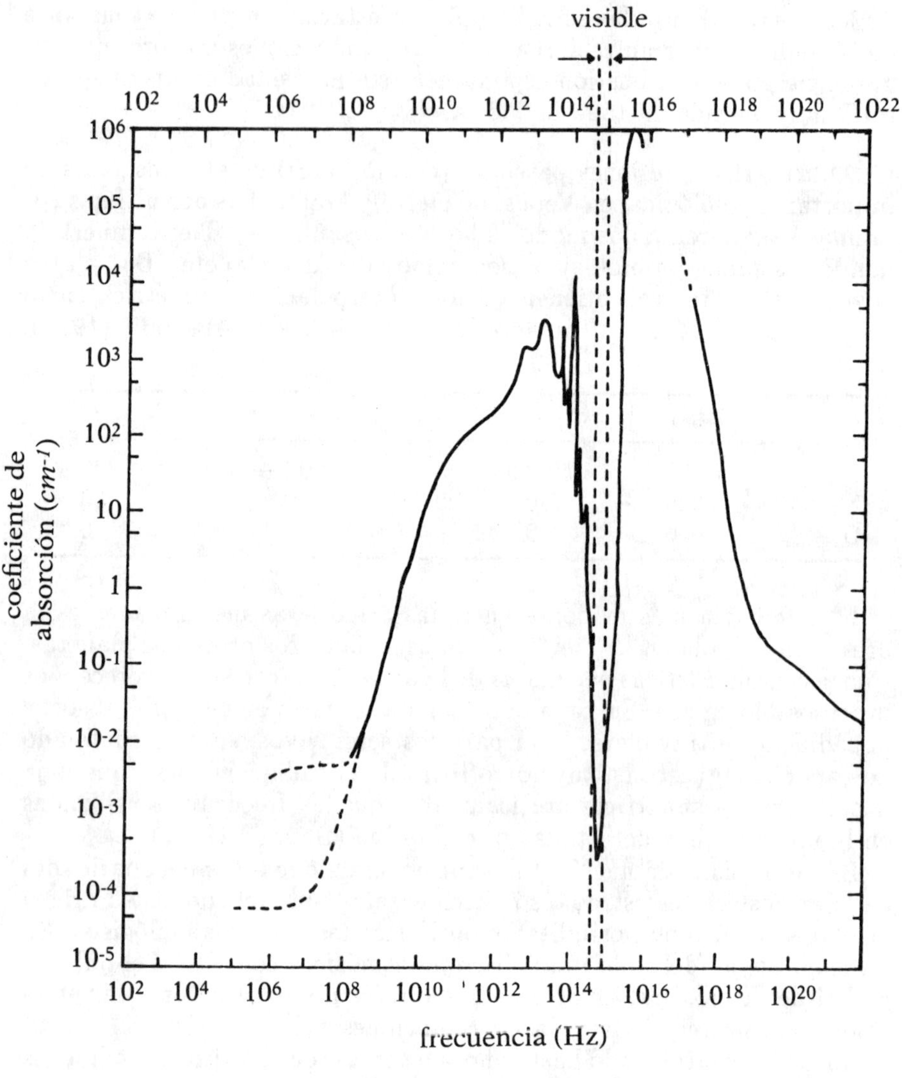

FIGURA VII.1. *Absorción de radiación por el agua.* Coeficiente de absorción del agua (líquida), como función de la frecuencia de la radiación electromagnética incidente sobre ella. Las escalas horizontal y vertical son logarítmicas. En la región visible el coeficiente de absorción se reduce en un enorme factor de 10^7. El agua atmosférica permite el paso precisamente de las frecuencias esenciales para los seres vivos. Desde el punto de vista de la hipótesis Gaia, la relevancia de las frecuencias entre las líneas punteadas determina que la atmósfera terrestre puede contener agua. (Gráfica tomada de J. D. Jackson, *Classical Electrodynamics*, John Wiley & Sons, Nueva York, 1974, p. 291.)

CONTROL DE LA TEMPERATURA

La temperatura es una de las variables más importantes de la biósfera. Su valor promedio en la superficie terrestre es de 20°C, y en los seres vivos que la regulan en su interior es generalmente superior a los 30°C. La velocidad de las reacciones químicas es muy sensible a la temperatura, y a la fecha no se sabe qué procesos biológicos se optimizan con los valores mencionados, pero en todos ellos se ubica este parámetro dentro de un rango estrecho, cuyos límites más amplios están determinados por las temperaturas de fusión y ebullición del agua, solvente principal en los procesos metabólicos.

Por tanto, los seres vivos terrestres sólo pueden existir en temperaturas de entre 0 y 100°C, aproximadamente, bajo condiciones normales de presión atmosférica. El límite superior de la temperatura es en realidad bastante menor que el de ebullición del agua debido a otra restricción de carácter biológico: la mayoría de las proteínas son desnaturalizadas, es decir, pierden su forma biológicamente útil, a temperaturas superiores a unos 45°C. Algunas de ellas también pierden su forma y propiedades biológicamente relevantes a temperaturas bajas, lo que mueve hacia arriba de cero grados el valor del límite inferior de temperaturas aceptables.

Algunos peces pueden vivir a temperaturas un poco menores que cero grados, y existen algas que lo hacen por arriba de cien grados, generalmente en vertederos de aguas termales excepcionalmente ricas en minerales nutrientes. Sin embargo, en todos estos casos el agua interna es mantenida en estado líquido utilizando proteínas especiales y procedimientos biológicamente costosos, lo que implica que la fracción de la biomasa total representada por estos organismos sea insignificante.

Es de suponerse entonces que los mecanismos de estabilización de una variable tan importante y delicada deben ser múltiples, y que han funcionado sin falla a lo largo de la existencia de vida en la Tierra, un periodo de al menos tres mil millones de años según la evidencia de los fósiles.

Lovelock y colaboradores[7] propusieron un mecanismo de regulación de la temperatura basado en el control de la nubosidad atmosférica por el sulfuro de dimetilo, una substancia excretada por el fitoplankton durante su metabolismo. Según el modelo de estos autores, el sulfuro de dimetilo entra a la atmósfera principalmente en la franja de mares tropicales, y es oxidado de sulfuro al sulfato correspondiente. Las moléculas de este sulfato constituyen eficientes núcleos para la

[7] R. Charlson, J. Lovelock, M. Andreae S. Warren, "Oceanic Phytoplankton, Atmospheric Sulphur, Cloud Albedo and Climate", *Nature* **326**, 1987, pp. 655–661.

formación de gotas de agua, al condensarse sobre ellas el vapor atmosférico. Las gotas al juntarse producen nubes. El mecanismo de estabilidad sugerido es el siguiente: si en un momento determinado la temperatura aumenta por un incremento de la radiación solar sobre la superficie terrestre, debido a una cantidad de nubes menor que el promedio, el metabolismo del plankton aumentará en velocidad, dando lugar a una mayor producción de sulfuro de dimetilo, que engendrará un flujo proporcionalmente mayor de sulfato, lo que originará a su vez una mayor cantidad de nubes, que bloquearán en mayor medida la radiación solar, eliminándose así el incremento inicial en la temperatura. Una perturbación en el sentido opuesto, es decir un enfriamiento de la superficie terrestre, daría lugar a un metabolismo más lento del plankton, a menos sulfuro de dimetilo, y finalmente a menos nubes que el promedio, lo cual permitiría una mayor cantidad de radiación solar sobre la superficie terrestre, que acarrearía un calentamiento de ella y por lo tanto el fin de la perturbación.

Para fundamentar esta propuesta hay que demostrar con datos experimentales que se cumplen varias condiciones necesarias para el ciclo de estabilidad. La primera es que el flujo de sulfuro de dimetilo proveniente del plankton sea suficiente para engendrar la porción principal de las nubes. Muchas otras clases de partículas suspendidas en el aire (aerosoles) pueden convertirse en núcleos de gotas de agua. Partículas de polvo, aerosoles industriales, gases del escape de automotores son sólo algunos de los contribuyentes a la formación de nubes. La relevancia de un tipo de aerosol determinado depende de dos factores: la magnitud de su flujo y la probabilidad de que una partícula del mismo se convierta en el núcleo de una gota de agua. Se ha mostrado experimentalmente que las moléculas de sulfato de dimetilo son notablemente más eficientes para constituirse en núcleos de gotas de agua que muchas otras partículas suspendidas. Lovelock y colaboradores midieron el flujo de sulfuro de dimetilo en un largo viaje por los mares tropicales, y concluyeron a partir de sus datos que engendra la mayor parte de las nubes del planeta.

Sin embargo, mediciones posteriores e independientes[8] parecen contradecir esta conclusión. Se basan en el argumento de que el flujo hacia la atmósfera de sulfatos provenientes de actividades humanas, resultante de la oxidación de bióxido de azufre emitido en procesos industriales, es mayor que el proveniente del sulfuro de dimetilo marino. Si este flujo continental tuviera un efecto climático apreciable, debería ser más intenso en el hemisferio norte, dada la mayor actividad in-

[8] S. Schwartz, "Are Global Cloud Albedo and Climate Controlled by Marine Phytoplankton?", *Nature* 336, 1988, pp. 441–445.

dustrial en las latitudes nórdicas del globo. Los datos experimentales sobre nubosidad y temperatura media durante los pasados cien años no muestran diferencias significativas entre el hemisferio norte y el sur, lo cual implica de acuerdo con estos autores que los sulfatos de origen industrial no son un factor climático relevante. Y si el flujo de sulfatos industriales es *mayor* que el de sulfatos marinos, el efecto de estos últimos debe ser aún menor, por lo que no constituyen según este trabajo un parámetro importante en la regulación de la temperatura terrestre.

Lovelock y colaboradores,[9] por el contrario, afirman que el flujo de sulfatos industriales no es significativo en comparación con el de sulfatos de origen marino, y éste es el punto fundamental de conflicto entre los dos trabajos mencionados. Podemos decir entonces que la evidencia experimental sobre control climático por el fitoplankton es aún contradictoria, y que una conclusión definitiva requerirá datos más precisos sobre la magnitud relativa de estos dos flujos de sulfatos. Sin embargo, si persiste la duda sobre la relevancia del fitoplankton en la regulación global de la temperatura de la biósfera, a escala continental los datos experimentales parecen indicar inequívocamente que en ciertas regiones el mecanismo de control térmico es de carácter biológico. Por ejemplo, recientemente se determinó a través de mediciones realizadas con satélites, que en el Mar Arábigo la distribución de fitoplankton a lo largo del año determina la evolución de la temperatura en la superficie marina.[10]

CONCENTRACIÓN DE CO_2

Según la evidencia de los fósiles, ha existido vida sobre la Tierra durante aproximadamente tres mil millones de años. A lo largo de este inmenso intervalo la temperatura en la biósfera no puede haber variado apreciablemente, dadas las restricciones mencionadas sobre la existencia de agua en estado líquido para ser utilizada como solvente, y sobre la viabilidad metabólica de las proteínas. Sin embargo, durante el mismo periodo la luminosidad solar y, por tanto, la cantidad de radiación que incide sobre la Tierra, ha aumentado al menos en 30%, de acuerdo con los modelos de evolución estelar existentes. Dichos modelos son bastante refinados conceptual y matemáticamente, y muchas de sus predicciones han sido corroboradas por observaciones astronómicas. El posible incremento de luminosidad solar amerita entonces un análisis

[9] Artículo citado.
[10] S. Sathyendranath, A. Gouveia, S. Shetye, P. Ravindran y T. Platt, "Biological Control of Surface Temperature in the Arabian Sea", *Nature* **349**, 1991, pp. 54–56.

cuidadoso dadas sus consecuencias potenciales para la biósfera. Lovelock y Whitfield[11] propusieron un mecanismo de control de la temperatura basado en la concentración de CO_2 atmosférico. El bióxido de carbono es un gas que conduce al efecto invernadero, es decir, su concentración elevada en un espacio irradiado por el Sol produce altas temperaturas. Lovelock y Whitfield sugieren que el efecto de calentamiento gradual por el aumento en la radiación solar pudo haber sido contrarrestado por una disminución paralela en la concentración de CO_2 (figura VII.2).

El mecanismo de regulación sugerido por estos autores bastaría para haber mantenido la temperatura de la biósfera dentro de límites tolerables desde la gestación de la vida. Extrapolándolo hacia el futuro conduce sin embargo a una conclusión no muy favorable para Gaia. El CO_2 es un ingrediente primordial para la fotosíntesis, que consiste en la elaboración de glucosa a partir de seis de estas moléculas utilizando energía luminosa. Si la concentración atmosférica de bióxido de carbono es demasiado baja la fotosíntesis no puede continuar, por lo que la gráfica de densidad de CO_2 no puede descender indefinidamente (figura VII.2) sin peligro para este proceso fundamental de la vida terrestre. De acuerdo con Lovelock y Whitfield la densidad crítica a partir de la cual será imposible mantener la fotosíntesis se alcanzará en unos cien millones de años más. En la escala humana éste es un periodo casi infinitamente largo; en la de Gaia, por el contrario, resulta un intervalo más bien corto. La existencia de esta posible nube negra en el futuro de la vida es uno de los resultados inesperados de la hipótesis Gaia, e ilustra la ampliación que genera de la perspectiva humana.

Ciclo del carbono

El ciclo del carbono es en extremo complicado, habiéndose identificado sólo algunos de sus eslabones en fechas recientes, tras la aceptación de la teoría de platos tectónicos de Wegener (*cf.* capítulo VI). El carbono atmosférico se encuentra en forma de CO_2, y sobre la superficie terrestre principalmente como carbonato de calcio en las rocas calcáreas, que son el componente principal de ciertas montañas y cordilleras como los Alpes y las Dolomitas en Europa. Una fracción del carbono atmosférico describe un ciclo restringido, que se inicia con la absorción de CO_2 por las plantas terrestres y el fitoplankton en la fotosíntesis, y conduce finalmente a la fijación del carbono en moléculas biológicas. Parte de

[11] J. Lovelock y M. Whitfield, "Life Span of the Biosphere", *Nature* **296**, 1982, pp. 561–563.

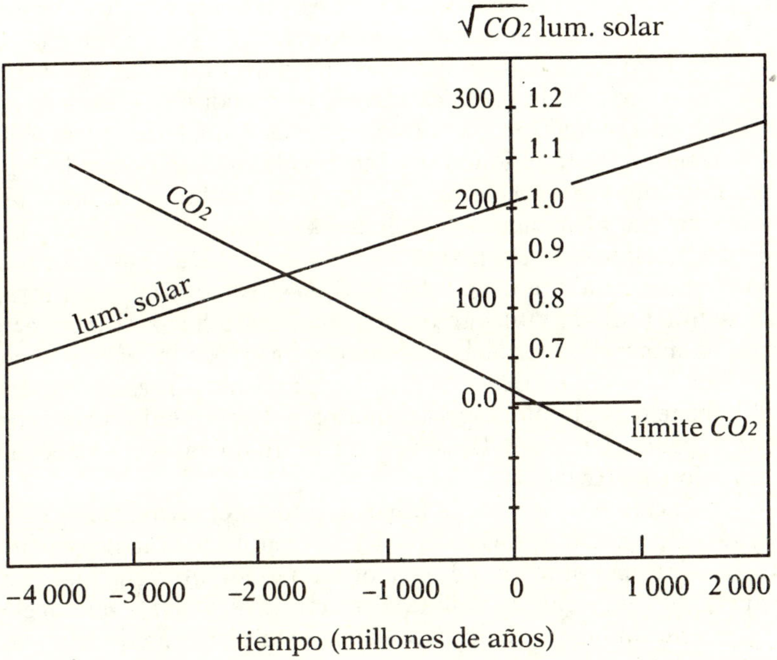

FIGURA VII.2. *Luminosidad solar y concentración de* CO_2. Luminosidad solar (en unidades de la luminosidad actual) y (raíz cuadrada de la) concentración de CO_2 atmosférico (en partes por millón) necesaria para mantener la temperatura terrestre dentro del rango apropiado para la vida, graficadas contra el tiempo medido a partir del presente (en millones de años). A medida que ha aumentado la radiación solar, ha disminuido la concentración de CO_2; debajo del límite marcado se interrumpiría la fotosíntesis por escasez de este ingrediente. Esto sucedería, según la figura, en unos cien millones de años más. (Tomado de J. Lovelock y M. Whitfield (1982), *op. cit.*, p. 562.)

este carbono retorna como CO_2 a la atmósfera durante la respiración en los seres vivos, y el resto lo hace como producto de la combustión de materiales orgánicos o de su descomposición al morir animales y vegetales. El flujo resultante de la combustión es perturbado por el empleo de combustibles fósiles, que devuelven a la atmósfera carbono substraído antiguamente del ciclo, durante la etapa de formación de dichos combustibles.

El ciclo biológico del carbono está acoplado a otro más lento y de mayor envergadura, que se inicia con la extracción de CO_2 atmosférico al ser disuelto por el agua de lluvia, el cual llega a la superficie terrestre en forma de ácido carbónico que reacciona con materiales del suelo para formar carbonatos. Los iones carbónicos y los carbonatos resultantes llegan al mar disueltos en los ríos. A este flujo hacia el mar se le suma otro de la misma composición pero mayor en volumen, originado en la erosión de rocas calcáreas. El carbono que llega al mar es utilizado por el plankton para construir sus esqueletos microscópicos, que descienden hasta el fondo marino tras la muerte de sus huéspedes. La acumulación de esqueletos a lo largo de millones de años origina sedimentos que alcanzan en ocasiones kilómetros de espesor. El movimiento incesante de las placas tectónicas da lugar posteriormente a la emergencia de algunos de estos compuestos carbónicos en forma de rocas sedimentarias, y al hundimiento del resto hacia el interior de la Tierra, al sumergirse los lechos oceánicos bajo los platos continentales. Sometidos a las condiciones de alta temperatura y presión imperantes en el subsuelo profundo, los carbonatos del sedimento sepultado son oxidados produciéndose CO_2, que retorna finalmente a la atmósfera en las erupciones volcánicas.

La regulación biológica de la fracción fotosintética del ciclo es fácil de imaginar. Un exceso de CO_2 atmosférico conduciría a la intensificación de la fotosíntesis por la abundancia de su ingrediente principal, y por la elevación de temperatura debida al efecto invernadero, que aceleraría las reacciones químicas. La consecuencia neta sería una disminución del exceso inicial de CO_2. La situación contraria de una fluctuación hacia abajo en la densidad de bióxido de carbono atmosférico produciría efectos opuestos, tendientes a eliminar la perturbación.

Sin embargo, aún para el ciclo completo se ha propuesto un elemento biológico de control, consistente en regular la velocidad de erosión de rocas calcáreas por microorganismos del suelo. La base empírica de esta sugerencia es la elevada concentración de tales microorganismos en la vecindad de estas rocas (hasta cincuenta veces mayor que la usual en terrenos distintos), y su gran efectividad en el ataque químico de los materiales que las componen. Nuevamente los datos disponibles no son capaces todavía de mostrar que el aumento en el flujo hacia el mar de iones y carbonatos asociados con microorganismos, es suficiente para modificar de manera apreciable los enormes tiempos que requieren las partes subsecuentes del ciclo. Por otro lado, la evidencia empírica muestra claramente una correlación positiva entre la concentración de CO_2 atmosférico y fenómenos climáticos globales como la llamada Oscilación de El Niño,[12] pero no es posible decidir a partir de esta información si las variaciones observadas en la densidad del gas son causa o efecto de El Niño.

[12] U. Siegenthaler, "El Niño and Atmospheric CO_2", *Nature* **345**, 1990, pp. 295–296.

EL COLOR DE LAS PLANTAS

El color verde de las plantas se debe a que en la fotosíntesis absorben preferentemente las frecuencias extremas del espectro visible, es decir las zonas del rojo y el azul, y reflejan la parte central, que contiene al verde. Recientemente fue explorada la posibilidad de que tal fenómeno no sea accidental, sino que conduzca a la optimización de la fotosíntesis bajo algún criterio de mérito. Este proceso metabólico consiste en la utilización de la luz solar para producir glucosa a partir de bióxido de carbono y agua, y el criterio de mérito propuesto fue la maximización por fotón absorbido de la energía utilizable adquirida de la radiación.[13] La discusión en el artículo citado es en términos de la *información* contenida en la luz solar, no de su energía utilizable, pero puede mostrarse que estos dos conceptos son esencialmente equivalentes.[14]

La energía utilizable de un sistema es la cantidad de trabajo que se puede extraer del mismo en un ambiente determinado. Depende del sistema bajo consideración y de su entorno. Por ejemplo, su valor para una flama es elevado en un ambiente como la biósfera, cuya temperatura es bastante menor que la de un gas incandescente; sin embargo, la misma flama colocada en un ambiente idéntico a ella en temperatura tiene una energía utilizable nula. Los mares poseen mucha energía debido a su gran masa, pero un argumento similar al anterior muestra que poca de ella es utilizable en la biósfera, por lo que no es fortuito que sólo una fracción minúscula de nuestras necesidades energéticas sean satisfechas empleando esta fuente. El impedimento aludido es de principio: no importa cuánto refinemos nuestro método de extracción, el trabajo útil obtenido del mar será una pequeña parte de su contenido total de energía.

La radiación solar, el sistema relevante para la fotosíntesis, posee en el Sol cero energía utilizable, pero su contenido dentro de la biósfera es enorme. La cuarta parte de ella, aproximadamente, mantiene funcionando el complejo ciclo hidrológico y climático terrestre, y menos de un milésimo del total es suficiente para satisfacer las necesidades fotosintéticas de Gaia.

La energía utilizable de la luz solar está en función de su frecuencia, o equivalentemente, de su color. La complejidad del aparato fotosintético en las plantas indica además que es considerablemente difícil absorber un fotón y extraer su energía utilizable para sintetizar glucosa a partir

[13] J-L. Torres, "Information, Photosynthesis and Temperature of the Earth", *Journal of Theoretical Biology* **141**, 1990, pp. 131-137.

[14] Véase por ejemplo M. Tribus y E. McIrvine, "Energy and Information", *Scientific American* **224**, 1971, p. 179.

de CO_2 y agua.[15] Esto sugiere que las plantas capaces de convertir en trabajo químico las fracciones más elevadas de la energía utilizable en la radiación solar, estarán mejor adaptadas a su ambiente desde el punto de vista darwiniano.

Adicionalmente, esperaríamos de acuerdo con la hipótesis Gaia que la biósfera permitiera el paso de las frecuencias biológicamente relevantes con una absorción mínima. La curva de absorción de radiación por el agua (figura VII.1), muestra un mínimo precisamente en la región de máxima utilización en la fotosíntesis. Los resultados cuantitativos iniciales parecían indicar que, efectivamente, la energía utilizable por fotón absorbido tiene un mínimo en la región central del espectro, lo cual explicaría el color de las plantas en términos de la optimización de la fotosíntesis, pues reflejarían precisamente las frecuencias más pobres en energía utilizable (centradas en el sector verde de la radiación incidente).[16] Desafortunadamente, cálculos más refinados borraron el mínimo obtenido previamente en la región verde del espectro, indicando que no se satisface el criterio de mérito propuesto. El análisis del problema continúa, utilizando ahora nuevos criterios de optimización.

La interpretación de la transparencia atmosférica a las radiaciones visibles en términos de la optimización de la fotosíntesis ilustra la novedad de la hipótesis Gaia. Tradicionalmente la curva de absorción del agua se ha tomado como una restricción para los fenómenos biológicos, que deben ajustarse a las limitaciones que dicha curva representa. La hipótesis Gaia, por el contrario, parte de que la atmósfera debe ser transparente a las radiaciones útiles para la vida, lo cual condiciona el tipo de moléculas que puede contener. Esto invierte el orden tradicional de causa y efecto.

Especulaciones

La hipótesis Gaia conduce a escenarios de regulación y estabilidad novedosos, y potencialmente decisivos para el futuro de la biósfera y sus habitantes, incluido el hombre. Un ejemplo lo constituye la posibilidad, mencionada anteriormente, de que la fotosíntesis pudiera detenerse por insuficiencia de CO_2 en la atmósfera, debido a la remoción incesante de este gas por el mecanismo de regulación de temperatura, ante el aumento progresivo en la luminosidad solar. La verificación o falsificación de propuestas de este tipo resulta difícil, por las vastas escalas espaciales y temporales involucradas. El carácter de la hipótesis Gaia la

[15] Absorber un fotón sin convertir en trabajo su energía utilizable es trivial: cualquier roca lo hace, calentándose en el proceso.

[16] J-L. Torres, *op. cit.*

acerca a la cosmología en muchos aspectos, y provee al igual que esta última un terreno fértil para la especulación.

En el caso del ciclo del carbono se propuso un mecanismo de control biológico más complicado que el descrito anteriormente en referencia a la erosión de rocas calcáreas. Según el nuevo escenario, un exceso de CO_2 atmosférico conduciría a su remoción más rápida por el agua de lluvia y la fotosíntesis. Transcurridos varios pasos subsecuentes del ciclo, esto daría lugar a una rápida acumulación de sedimentos, cuyo incremento de peso aceleraría en turno su hundimiento hacia las capas internas de la Tierra. Dado que el episodio más lento del ciclo del carbono es el que se inicia con este hundimiento y termina con la devolución de CO_2 a la atmósfera en erupciones volcánicas, el efecto neto sería la desaparición de carbono atmosférico durante un largo periodo, eliminándose así el exceso original supuesto de CO_2.

Un argumento similar muestra que el enrarecimiento del bióxido de carbono gaseoso conduciría eventualmente a un flujo neto del mismo gas hacia la atmósfera, proveniente de erupciones volcánicas. El eslabón más débil en este razonamiento tiene que ver con las diferentes escalas de tiempo que mezcla el mecanismo de control propuesto. Los intervalos de reacción en la fotosíntesis son del orden de cientos o miles de años, mientras que los procesos tectónicos duran cientos de millones de años. No es trivial combinar números tan distantes entre sí de manera que resulten los mecanismos de control mutuo requeridos.

Otra especulación interesante se relaciona con la salinidad de los océanos. Debido a la erosión de los continentes, los ríos continuamente depositan una gran cantidad de sal en los mares; sin embargo, éstos han mantenido su salinidad dentro de un estrecho rango a lo largo de millones de años, como lo muestran algunas especies marinas: los tiburones, por ejemplo, que llevan cientos de millones de años de existencia prácticamente sin cambio, de acuerdo con la evidencia de los fósiles. Un mecanismo de control sugerido en años recientes, basado en los arrecifes de coral, es casi poético por la simplicidad y coherencia de sus elementos. Dichos arrecifes crecen formando extensos arcos que finalmente se cierran, atrapando así grandes cantidades de agua en los atolones resultantes. Los atolones devuelven agua pura a la atmósfera por evaporación, y retienen la sal inicialmente en solución. En ocasiones estos depósitos salinos se integran a las masas continentales adyacentes por crecimiento de los arrecifes o por movimientos telúricos, y emergen del subsuelo en forma de domos inmensos, explotados como minas de sal en diversas partes del mundo.

Para decidir sobre la veracidad de esta hipótesis, faltaría demostrar que la velocidad de formación de arrecifes de coral y atolones es la necesaria y suficiente para balancear en promedio el flujo de sal que transportan los ríos.

Pero basta por ahora de especular. Es una actividad adictiva y casi un pecado en el medio científico actual, donde muchos la han convertido en vicio solitario, volviendo hazaña y temeridad lo que fue por milenios un derecho irrestricto, el de liberar la imaginación.

VIII. VIVIENDO EN EL ERROR

LAS consecuencias de la lucha por la existencia son literalmente un asunto de vida o muerte. Se antoja apropiado entonces balancear los cuidados de Darwin con algunos apuros nuestros. Comenzaremos con los originados en deficiencias de nuestra teoría económica.

ECONOMÍA Y ECOLOGÍA

El mecanismo del mercado no es infalible en la asignación de precios a las mercancías. La diferencia entre el precio pagado por un producto y su costo real constituye el conjunto de *externalidades* asociadas con el mismo. Un factor económico constituye una externalidad en un proceso de compra–venta cuando su valor es pagado por personas ajenas a la transacción. Por supuesto el costo íntegro de bienes y servicios es pagado finalmente por la sociedad en su conjunto, pero las externalidades representan una distorsión del proceso económico, un elemento de ignorancia con múltiples repercusiones sociales y ecológicas.

Hay quien concibe la evolución económica en términos de la *internalización* de diversos factores previamente ignorados en el cálculo del valor de un producto.[1] Por ejemplo, la internalización del trabajo como variable económica se logró con la eliminación de la labor cautiva de los siervos. El costo de la integración y entrenamiento de la fuerza de trabajo fue internalizado a través del desembolso paralelo en educación pública "gratuita", guarderías y licencias por maternidad; los costos de la seguridad en el lugar de trabajo, a través de la compensación a trabajadores incapacitados y los seguros correspondientes. Un problema urgente de nuestra época consiste en la internalización de los factores ecológicos.

EL PRECIO DE LA GASOLINA

El precio del combustible en una gasolinería refleja los costos directos de producción del petróleo, los de transporte y refinación. Sin embargo, esta cantidad representa una fracción minoritaria del costo real del

[1] H. M. Hubbard, "The Real Cost of Energy", *Scientific American* **264**, abril de 1991, pp. 18–23.

producto.[2] Las *externalidades* en la fijación del precio incluyen, entre otros:

1. Los gastos militares para asegurar los sitios de extracción del petróleo y las vías marítimas para su transportación (en el caso de países importadores).
2. Los gastos de atención médica ocasionados por la contaminación resultante de su extracción, refinamiento, transporte y combustión.
3. Subsidios directos por los gobiernos.
4. La pérdida de productividad agrícola, pesquera, etc, causada por la contaminación mencionada.
5. La pérdida de diversidad ecológica originada por la misma contaminación.

Los gastos militares incluyen aquellos preparatorios, como los relativos a la producción de equipo bélico y el transporte de tropas de disuasión, y los gastos directos de guerra, como en el caso de la invasión de Kuwait por Irak, y la invasión subsecuente de este último país por potencias occidentales. Tan sólo este renglón añade al costo real del producto una cantidad mayor que el precio pagado directamente por un barril de petróleo crudo.

Los problemas de salud derivados de la producción y el uso de la gasolina, deben ser calculados en términos del correspondiente aumento en la frecuencia de enfermedades como neumonía y cáncer pulmonar, directa o indirectamente relacionadas con estas actividades. No es sino en años recientes que la ciencia médica ha ido adquiriendo la capacidad para llevar a cabo esta cuantificación.

Los subsidios del punto 3 se otorgan principalmente en forma de exenciones fiscales, y en el pago con fondos públicos de programas de investigación relacionados con los energéticos.

Los problemas mencionados en el punto 4 se refieren a las pérdidas agrícolas por modificaciones climáticas atribuíbles a la producción y consumo de gasolina, como el efecto invernadero; al deterioro de los suelos, ríos y aguas marinas debido a las mismas actividades; a los efectos de la lluvia ácida proveniente de los gases de escape de los motores de explosión, etc. La internalización de estos factores empieza a lograrse en nuestro tiempo, aunque los resultados cuantitativos estén aún sujetos a márgenes de error considerables. Por ejemplo, la Agencia de Protección al Ambiente de Estados Unidos estima que el ozono proveniente del consumo de energía reduce la producción agrícola de ese país en 12%, mientras que otros investigadores calculan en 30% dicha pérdida.

[2] H. M. Hubbard, referencia citada.

La diversidad ecológica, medida por el número de especies y la riqueza en variedades dentro de una especie determinada, representa según algunos analistas[3] el recurso natural más importante de los países tropicales, incluídos los productores de petróleo. Se ha propuesto que la utilización por naciones industrialmente desarrolladas de este rico banco genético debe pagarse adecuadamente a un precio proporcional a los beneficios obtenidos de los productos farmacéuticos, comestibles, químicos y de toda índole derivados de esta materia prima. A la fecha, la cuantificación de este factor es imposible dados los conocimientos ecológicos y económicos disponibles, lo que redunda en pérdidas potencialmente cuantiosas para los poseedores del banco genético, entre los que se encuentran algunos de los pueblos más pobres del mundo.

Los grandes números

El procedimiento actual para hacer el diagnóstico económico de los países se basa en el Sistema de Cuentas Nacionales de la ONU. El parámetro más importante de estas evaluaciones es el Producto Interno Bruto (PIB), y su crecimiento es el criterio de mérito aceptado por la totalidad de los gobiernos del mundo. La disminución o "estancamiento" de esta variable se considera un desastre. Por supuesto el PIB existe en un contexto de recursos naturales finitos, acotados en su cantidad y en su capacidad de renovación, y frecuentemente en declive, como en el caso de bosques, acuíferos, tierras cultivables de alta calidad, etc. Esta contradicción entre un sistema económico creciente y una base material estacionaria o decreciente fue señalada por Thomas Maltus hace casi doscientos años, en su famoso *Ensayo sobre el principio de poblaciones*,[4] que sirvió eventualmente para aclarar en la mente de Darwin el mecanismo de selección natural como filtro de diversidad en el proceso evolutivo. A pesar de que los aspectos numéricos en el análisis de Maltus puedan ser hoy considerados simplistas, la esencia del argumento conserva intacto su vigor, lo que vuelve inexplicable la insistencia moderna en la expansión continua del PIB a cualquier costo.

Además del PIB, el Sistema de Cuentas Nacionales considera como parámetros de evaluación a la fuerza de trabajo, el consumo y ahorro internos y los bienes de capital. Cada país es responsable de llevar a cabo su propio diagnóstico, el cual determina su calidad como sujeto de

[3] N. Myers (comp.), *Gaia, an Atlas of Planet Management*, Anchor Books, Doubleday, Nueva York, 1984, pp. 146-149.
[4] T. Malthus, *Population: The First Essay*, University of Michigan Press, Ann Arbor, 1959.

inversión y de crédito, y por tanto su posibilidad de acceso a los fondos de organismos financieros internacionales como el Banco Mundial y el Fondo Monetario Internacional.

En la práctica las variables centrales para países del Tercer Mundo son dos: el PIB y los bienes de capital. Este reduccionismo conceptual tiene una historia interesante. Los economistas "clásicos" como David Ricardo, Maltus y Marx consideraban tres fuentes del ingreso: los recursos naturales, los recursos humanos y el capital invertido. Más adelante, los llamados economistas "neoclásicos" prácticamente eliminaron los recursos naturales como variable de análisis. La razón para esto es que en su medio, el de las potencias industrializadas europeas de finales del siglo pasado y principios del presente, la magnitud y bajo costo del flujo de recursos naturales provenientes de las colonias aminoraba su importancia como factor económico. Cuando estas teorías fueron aplicadas después de la segunda Guerra Mundial al problema del desarrollo en los países del Tercer Mundo, la fuerza de trabajo fue eliminada también como factor de análisis económico por las mismas razones de abundancia y bajo costo, dadas las condiciones de permanente desempleo en dichas naciones.

Ignorar los recursos naturales en el análisis económico conduce a situaciones irónicas. Por ejemplo, si una persona que posee un terreno boscoso corta sus árboles para comprar una casa, la Cuenta Nacional de su país registra un incremento doble: por la inversión en la casa y por la madera comercializada. Si la misma persona utiliza el dinero proveniente de la venta de la madera para tomar unas vacaciones, por lo cual le resulta imposible adquirir la casa, la Cuenta Nacional registrará de todas maneras un aumento, asociado con la madera producida. Es evidente que la persona en cuestión y su país habrán empobrecido por la destrucción del recurso natural representado por el bosque; sin embargo, el deficiente análisis conceptual en que se basa la Cuenta Nacional ignora esta pérdida.

La experiencia de Costa Rica durante los últimos veinte años ilustra la importancia de los recursos naturales como factor de análisis económico.[5] El Centro Tropical de Ciencias de Costa Rica y el Instituto de Recursos Mundiales en Washington, D.C., colaboraron en un estudio de la evolución de los recursos naturales representados por los suelos, bosques y pesquerías de ese país, durante el periodo 1970–1989. De acuerdo con sus resultados, la erosión de las tierras de cultivo debida a la deforestación ocasionó una pérdida del 13% de la producción ganadera y 17% de las cosechas anuales. Durante el mismo intervalo

[5] R. Repetto, "Accounting for Environmental Assets", *Scientific American* **266**, junio de 1992, pp. 64–70.

fue destruido 28% de los bosques y selvas del país, con una importante contribución *negativa* del sector forestal al ingreso nacional neto: el valor del capital destruido con el bosque fue muy superior al de los productos forestales generados. También durante este periodo el valor de la pesquería más importante del país fue reducido a cero (la ganancia producida se volvió nula), debido a la sobreexplotación y a la contaminación de las aguas por la erosión de áreas previamente boscosas. Al tomar en cuenta el deterioro de los recursos naturales, la generación neta de capital en Costa Rica disminuyó 70% respecto al valor aceptado basándose en la Cuenta Nacional del país.

Las pérdidas calculadas por la degradación de recursos naturales representan una cota inferior, pues en el caso de los bosques, por ejemplo, incluyen solamente el precio de las maderas destruidas, sin tomar en consideración los demás usos del bosque (recreativos, turísticos, etc), para no mencionar la pérdida de diversidad ecológica acarreada por su desaparición.

Viviendo en el error

La selección natural ha actuado desde el inicio de la vida sobre la Tierra, lo que convierte a cada ser vivo en el resultado de un largo proceso de evolución que se remonta en primera instancia a la aparición de su especie, y continúa hacia el pasado hasta la gestación del estado viviente en nuestro planeta. Se espera entonces que el alto grado de adaptación de los seres actuales a su ambiente se manifieste en sus características físicas y fisiológicas; en palabras de Darwin, deben parecernos "bien diseñados". El buen diseño sería discernible, por ejemplo, en la justa conformación de sus órganos para realizar las tareas que les corresponden, y en la optimización de sus vías metabólicas de acuerdo con diversos criterios de mérito.

Los sistemas biológicos intercambian materia, energía e información con su entorno, y a lo largo de los años se han sugerido diversos criterios de optimización para definir escalas de adaptación, con el objeto de estimar la probabilidad de supervivencia en individuos específicos a partir de sus atributos morfológicos y fisiológicos.

El problema tiene relevancia conceptual e histórica, pues Darwin definió adaptación en términos de supervivencia, pero no señaló criterios independientes de optimidad para los mejor adaptados, que permitieran identificarlos sin recurrir a un simple conteo de supervivientes. Esto dio lugar a la acusación recurrente de que su principio de evolución es tautológico, pues expresa tan sólo la "supervivencia de los supervivientes".

Dada la complejidad de la interacción de un individuo con su ambiente, relacionar un régimen óptimo de comportamiento con una mayor probabilidad de supervivencia constituye un difícil problema matemático, resuelto hasta ahora sólo en el caso de modelos muy simplificados, como el del sistema "depredador–presa", compuesto por sólo dos especies cuya única interacción se da en el momento fatídico del alimento, dentro de un ambiente que se supone invariable. Una primera aproximación al problema general se basa en la hipótesis de que el buen diseño mencionado por Darwin se manifiesta en cada una de las partes y órganos del individuo, de tal manera que ninguno de sus caracteres es fortuito.

El diámetro de la aorta humana, por ejemplo, es cercano al mínimo necesario para permitir el flujo sin turbulencia de la sangre que expele el corazón en cada latido. Si el flujo de sangre fuera turbulento la energía que tendría que emplear el corazón para bombearla sería considerablemente mayor. En el extremo opuesto, una aorta extremadamente amplia cumpliría el requerimiento de flujo laminar (no turbulento), pero el costo de construcción y mantenimiento biológico de sus paredes aumentaría con el área. El diámetro observado de la aorta representa entonces un compromiso entre estas dos tendencias opuestas, de tal manera que se satisfaga el requerimiento de mínimo trabajo cardíaco en el bombeo de la sangre.[6] El ángulo de bifurcación de los vasos sanguíneos tampoco es arbitrario: corresponde a la minimización de la potencia necesaria para mover la sangre de un punto a otro, realizando trabajo contra la fricción en las paredes de estos conductos.

En un segundo nivel de generalidad, el buen diseño de los seres vivos se traduce en la optimización de sus vías metabólicas. La síntesis de ATP, por ejemplo, tiene lugar maximizando simultáneamente la potencia y la eficiencia del proceso.[7] El ATP se produce en la respiración utilizando energía de la glucosa, y es la molécula empleada por el organismo para aportar la energía consumida en sus procesos bioquímicos. La maximización simultánea de potencia (velocidad de producción de ATP) y eficiencia es desusada desde el punto de vista termodinámico, pues comúnmente los procesos rápidos transcurren con baja eficiencia.

Las condiciones anteriores de optimización se refieren a órganos o procesos metabólicos específicos, de tal manera que asociados con un individuo existen muchos regímenes óptimos. En el siguiente nivel de generalidad, se han propuesto criterios de mérito para caracterizar de manera completa a los organismos. Especialistas en teoría económi-

[6] R. Rosen, *Optimality Principles in Biology*. Butterworths, Londres, 1967, cap. 3.

[7] J–L. Torres, "Natural Selection and Thermodynamic Optimality", *Nuovo Cimento* **D13**, 1991, pp. 177–185.

ca, por ejemplo, han vislumbrado analogías entre el sistema biológico representado por un individuo, y un sistema económico, lo que los ha llevado a proponer que la consecuencia principal de la selección natural es una tendencia a minimizar la inversión de energía por unidad de biomasa sintetizada.[8] Investigadores versados en teoría de juegos han intentado caracterizar la adaptación a un medio determinado, en términos de estrategias óptimas en un juego abstracto que reproduce los rasgos esenciales de las interacciones en el sistema biológico bajo estudio.[9] Expertos en termodinámica han identificado una disminución progresiva de la entropía generada en el metabolismo por unidad de masa y de tiempo, como la consecuencia primaria de la selección natural.[10] Muchas otras condiciones de optimización se han sugerido como efectos del proceso de adaptación; ninguna ha resultado completamente satisfactoria, por falta de generalidad suficiente o por deficiencias en su aspecto cuantitativo.

Cuando los individuos forman grupos sociales, como en el caso de las abejas y el hombre, el mecanismo de selección individual origina la competencia entre colonias y sociedades cuando dos o más de ellas coexisten en un ambiente determinado. Extrapolando la afirmación de Darwin al nivel de estos sistemas colectivos, esperaríamos entonces que nos parecieran "bien diseñados" de acuerdo con ciertas condiciones de optimización.

Los criterios de mérito a considerar dependen de la característica física o actividad bajo estudio. En el caso de las sociedades humanas las actividades relevantes incluyen entre otras la obtención de alimento, los intercambios comerciales y la adquisición y empleo de energía, que será el tema de nuestro análisis. Consideraremos dos regímenes de operación posibles: de máxima eficiencia y de máxima potencia. La eficiencia de un proceso se define como el trabajo útil extraído del mismo, dividido entre su costo en términos de energía; la potencia es la velocidad con que se produce el trabajo.

Estos dos regímenes de operación tienen consecuencias ecológicas opuestas. Si la energía se emplea eficientemente, la porción no utilizada, que se emite tarde o temprano en forma de calor, perturbará en poca medida al ambiente; además, el costo del trabajo será pequeño, lo que alargará la vida de las fuentes energéticas. Por el contrario,

[8] B. Hannon, "Total Energy Costs in Ecosystems", *Journal of Theoretical Biology* **80**, 1979, pp. 271–293.

[9] R. C. Lewontin, "Evolution and the Theory of Games', *Journal of Theoretical Biology* **1**, 1961, pp. 382–403.

[10] J. S. Wicken, "A Thermodynamic Theory of Evolution", *Journal of Theoretical Biology* **87**, 1980, pp. 9–23.

si lo que se maximiza es la potencia, dichas fuentes serán agotadas en menor tiempo, y en general las eficiencias resultantes serán bajas, por lo que la perturbación ecológica será proporcionalmente mayor, al tener que absorber el entorno grandes cantidades de calor. El criterio de máxima eficiencia corresponde a una relación duradera con el ambiente, mientras que el de máxima potencia conduce a una situación insustentable a largo plazo en un sistema finito, como la biósfera.

Respeto al caso específico de la producción de energía en plantas termoeléctricas, cito un ex-alumno mío en la Escuela de Ciencias Fisicomatemáticas de la Universidad Michoacana.[11] Calculó de manera aproximada en su tesis de grado la cercanía a cada uno de los criterios de mérito mencionados, de plantas en diversos países del mundo que utilizan carbón, fisión nuclear y pozos geotérmicos como fuentes de calor. Su método de trabajo constituye un refinamiento del análisis termodinámico llevado a cabo con el mismo fin por otros investigadores,[12] y se basa en que las temperaturas de entrada y salida de los fluidos utilizados en las turbinas están relacionadas con la eficiencia y la potencia del proceso. Los resultados numéricos aparecen en la cuadro VIII.1, y muestran que *todas* las plantas consideradas funcionan muy cerca del régimen de máxima potencia, y lejos del de máxima eficiencia.[13]

Esta conclusión sorprendería quizá a los propios diseñadores de los ingenios termoeléctricos, ya que han sido perfeccionados a lo largo de casi un siglo de acuerdo con el ideal de alta eficiencia, así como los automóviles y otras maquinarias destinadas a la producción de trabajo. Las fuerzas que las empujaron al régimen de máxima potencia deben ser entonces poderosas. Estas fuerzas son de carácter económico, pues las restricciones ecológicas se manifiestan aún muy débilmente en la definición de criterios de mérito. Por un lado se tiene que un proceso eficiente abarata la producción de energía eléctrica y alarga la vida de

[11] El señor Francisco Vaca, quien se encuentra ahora en la Universidad de Illinois, Estados Unidos, realizando estudios doctorales.

[12] Véase por ejemplo F. L. Curzon y B. Ahlborn, *American Journal of Physics*, núm. 43, 1975, p. 22; J-L. Torres, *Revista Mexicana de Física* **34**, núm. 1, 1988, p. 18.

[13] Esta conclusión depende de describir las máquinas de máxima eficiencia por medio de un ciclo de Carnot, que funciona con la mayor eficiencia permitida por las leyes termodinámicas. Este ciclo no incluye pérdidas como las provenientes de la fricción de los fluidos en los diversos conductos, ni de conducción directa de calor a través de paredes imperfectamente aisladas. Si se toman en consideración estos efectos, los ciclos resultantes tienen, en sus puntos de máxima potencia, eficiencias que están sólo ligeramente por debajo del máximo valor posible para ellas, lo que vuelve menos marcado que en el cuadro VIII.1 el contraste entre los regímenes de máxima potencia y máxima eficiencia. (*cf.* J. Gordon y M. Huleihil, "General Performance Characteristics of Real Heat Engines", *J. Appl Phys.* **72**, 1992, pp. 829–837.) Agradezco al doctor Fernando Angulo el haber llamado mi atención sobre la existencia de este artículo.

CUADRO VIII.1. Eficiencia (E_{obs} (%)) de algunas plantas termoeléctricas, comparada con la de diversos ciclos termodinámicos (Carnot, Curzon y Ahlborn (CA), Diesel), funcionando entre las mismas temperaturas de entrada (T_M) y salida (T_m) del vapor en las turbinas (en °C). El ciclo de Carnot maximiza la eficiencia y el de Curzon y Ahlborn maximiza la potencia, al igual que el ciclo Diesel considerado.

Planta termoeléctrica	T_M	T_m	E_{obs}	E_{Carnot}	E_{CA}	E_{Diesel}
West Thurrock (Inglaterra: carbón)	565	25	36	64.1	40	40.16
CANDU (Canadá: nuclear)	300	25	30	48	28	28.55
Landerello (Italia: geotérmica)	250	80	16	32.3	17.5	17.84

las fuentes térmicas; en la dirección contraria actúa la presión de un público prácticamente insaciable en su demanda de energía. De acuerdo con el análisis termodinámico mencionado, esta segunda fuerza es la dominante. La tendencia a vivir al galope es evidente también en el caso de los límites de velocidad en las carreteras: es de todos conocido que la eficiencia de los autos se maximiza entre los 80 y 90 kilómetros por hora, y que disminuye rápidamente viajando a velocidades por encima de este rango. La página roja en los diarios muestra además una correlación positiva entre altas velocidades y la frecuencia y peligrosidad de los percances viales. Sin embargo, los límites de velocidad constituyen un freno apenas tolerable para la mayoría de los conductores. En términos de nuestra adaptación al ambiente y de la responsabilidad darwiniana de supervivencia, estamos viviendo en el error, resignados quizá a justificarnos con base en la admonición del Eclesiastés:[14]

La carrera no es para el ágil
la batalla no es para el fuerte
ni el pan para el sabio
ni el oro para el astuto
ni la merced para el diestro.
Sujetos todos están
al tiempo y sus accidentes.

[14] *The Holy Bible*, Meridian Books, Nueva York, The World Publishing Company, 1962, p. 592.

IX. EN EL NOMBRE DE DARWIN

UNA CARACTERÍSTICA de Darwin que seguramente ha frustrado a sus oponentes durante más de un siglo, desde la aparición de *El origen de las especies*, es la dificultad para odiarlo. Provenía de una familia económica y socialmente privilegiada, y se casó con una rica pariente suya. Su vida científica transcurrió en el confort y aislamiento de la mansión familiar, irónicamente a salvo de la lucha por la supervivencia material y académica a la que estaban sujetos sus colegas. Condiciones tan favorables no revelan gran cosa sobre su comportamiento bajo presión del medio; sin embargo, las contadas pruebas que tuvo que superar fueron rigurosas, y mostró en todas estándares supremos de integridad.

La defensa de su teoría de evolución, aunque tenaz desde el punto de vista científico, estuvo lejos de orillarlo al encono verbal que caracterizó las polémicas de otros darwinistas, notablemente Thomas Huxley, con justa razón bautizado como "el bulldog de Darwin". Según confió en alguna ocasión a su amigo el botánico Joseph Hooker, le resultaba incomprensible que alguien pudiera argumentar en público "como lo hacen los oradores". Cuando se decidía a ser irónico era con una sutileza rayana en el arte. Por ejemplo, en relación con la ascendencia común para el hombre y el mono implicada por su teoría, un aspecto que despertó algunas de las reacciones más violentas de sus detractores, se ha hecho famosa la fotografía donde aparece con la solemne dignidad que le otorgan sus barbas blancas... y con una inconfundible mueca de simio en el rostro.

Su delicadeza contrasta con la algidez característica del medio científico, cuando de defender creaciones intelectuales se trata. Vienen a la mente los amargos conflictos de prioridad de Newton, primero con Hooke en relación con la ley de gravitación universal, y más adelante con Leibnitz sobre la invención del cálculo infinitesimal. Durante un largo periodo a partir de su polémica con Hooke publicó muy pocos de sus resultados, y consideró en algún punto abandonar por completo la tarea de investigación, si la ciencia persistía en mostrarse como "una dama tan litigiosa". El matemático Carl Friedrich Gauss (1777–1855) era llamado "el zorro" por sus colegas, ya que según ellos borraba con la cola su rastro matemático, volviendo imposible seguir sus huellas. Confrontado con la acusación de que publicaba sus teoremas de manera escueta e innecesariamente obscura, replicó que lo hacía "para librarse del clamor de los beocios".[1] En otra ocasión, un matemático aficionado a la poesía se atrevió a criticar (erróneamente) uno de sus resultados, y Gauss respondió con una frase que se ha vuelto famosa en el medio científico, llamándolo "el mejor poeta entre los matemáticos, y el mejor matemático entre los poetas".

Otra característica encomiable de Darwin es la ausencia de dogmatismo en la exposición de sus ideas. "Pienso que...", "En mi opinión...", "Según la posición adoptada en este trabajo...", son preludios típicos de sus párrafos en *El origen de las especies.* Su gentileza en el lenguaje torna agresiva aun la suave ironía de Adam Smith en *La riqueza de las naciones*, por no mencionar el estruendo de Marx en *El Capital.* Cada afirmación en *El origen de las especies* emerge de una larga argumentación para hacerla plausible, y se apoya en el análisis de abundantes observaciones empíricas. La flexibilidad resultante de no perder nunca de vista el fenómeno bajo estudio lo orilló en ocasiones, especialmente hacia el final de su vida, a considerar posibilidades no muy lejanas del lamarckismo para resolver problemas planteados por nueva evidencia experimental. Sin embargo, esta misma actitud salvó a su teoría de la trampa de la rigidez conceptual, en la que cayeron esquemas como el de Weissmann, que no permitía *ninguna* influencia del medio sobre el aspecto genético de los organismos, por lo que se vió grandemente debilitado al descubrirse en nuestro siglo que muchos factores externos, tales como sustancias químicas y radiaciones, son capaces de provocar cambios en el plasma genético, que serían imposibles según la teoría de este autor.

Su tenacidad en la búsqueda de evidencia no conocía límite, como lo muestra el siguiente experimento, que realizó durante el proceso de fundamentar empíricamente sus ideas sobre dispersión de las plantas. Un amigo suyo le envió de África una pequeña cantidad de excremento de langostas, y consiguió hacer germinar siete plantas con semillas rescatadas de la muestra. Según la descripción que hizo del evento a su colega Lyell:[2] "No hay posibilidad de error, pues yo mismo extraje las semillas del interior de las pelotitas". Con estándares semejantes como investigador es comprensible que, entre la multitud de argumentos usados contra *El origen de las especies*, el que más lo desilusionó haya sido el referente a su empleo deficiente del método científico.

Tampoco puede acusársele de minimizar o ignorar las dificultades de su teoría. Refiriéndose al ojo manifestó que le resultaba casi im-

[1] Los beocios tenían fama de tontos en la antigua Grecia.

[2] L. Eiseley, "Charles Darwin", en *Scientific Genius and Creativity, Readings from Scientific American*, W. H. Freeman and Co., Nueva York, 1982.

posible concebir que un órgano de tal perfección fuera resultado de la selección natural; en palabras suyas, "cada vez que pienso en el ojo, me estremezco". Completó su obra cimera en un plazo menor de un año, pero admitió al punto que la tarea lo había dejado exhausto, y le había enseñado a respetar a los que escriben libros. Muchas hazañas de otros héroes culturales parecerían menos sobrehumanas si, según el ejemplo de Darwin, se dignaran de vez en cuando a confesar sus limitaciones.

En fin, su estilo desarma a quienes llegan a conocerlo a fondo, especialmente aquellos que lo hacen con el fin de atacarlo. Esto vuelve formidable el poder de convencimiento de *El origen de las especies*, y ha producido incontables variantes de la reacción de Huxley tras su primera lectura del libro: "¡Qué extremadamente estúpido, no haber pensado antes en eso!".

La cuestión de prioridad

Después de los cinco años en barco como naturalista del *Beagle* evitó de manera obsesiva los viajes, rara vez aventurándose más allá de unos cuantos kilómetros fuera de casa. Su contacto con el mundo académico era a través de publicaciones científicas, y de conversaciones con un reducido número de confidentes, como el botánico Joseph Hooker y el geólogo Charles Lyell, quien con su propuesta de una enorme antigüedad de la Tierra proveyó un intervalo suficientemente amplio para permitir la acción de la selección natural. Thomas Huxley se unió al selecto grupo posteriormente a la publicación de *El origen de las especies.*

Su correspondencia científica no es voluminosa, pero incluye una carta afortunada al naturalista estadunidense Asa Gray, en el sentido de que fue utilizada para respaldar la afirmación de prioridad intelectual respecto a la teoría de evolución por selección natural, tras la aparición del artículo de Wallace sobre el mismo tema. Aunque fue siempre de naturaleza amable, las visitas literalmente lo enfermaban, produciéndole insomnio y otras reacciones psicosomáticas, y suministrándole así noches en blanco que utilizaba para trabajar.

Quizá la prueba más clara y severa de su carácter tuvo lugar en junio de 1858, cuando recibió el trabajo de Alfred Russel Wallace, *Sobre la tendencia de las variedades a apartarse indefinidamene del tipo original,*[3] con la petición de un comentario sobre el mismo. Wallace era un naturalista y coleccionista de ascendencia humilde, que subsistía de la

[3] A. R. Wallace, "On the Tendency of Varieties to Depart Indefinitely from the Original Type", en *Contributions to the Theory of Natural Selection*, reimpresión, AMS Press, Nueva York, 1973.

venta de especímenes atrapados en partes remotas del mundo. Se había interesado en la cuestión del origen de las especies y había publicado en 1855 un relevante trabajo sobre el tema, en el que señalaba que "cada especie se origina coincidiendo en espacio y tiempo con una especie pre-existente y estrechamente relacionada con ella". Darwin expresó una opinión favorable sobre este trabajo y se inició así la correspondencia entre ellos. Detenido en una isla del archipiélago malayo (hoy Indonesia) por un ataque de fiebre, aclaró finalmente sus ideas sobre el problema y escribió el artículo mencionado, el cual envió a su colega Charles Darwin para conocer su opinión.

No es difícil imaginar la impresión de Darwin. Durante años sus amigos íntimos, especialmente Lyell, le habían insistido que publicara sus ideas sobre evolución, porque tarde o temprano alguien se le adelantaría. Confiado tal vez en la novedad y sutileza de su teoría, y en su posición única entre los naturalistas de ese tiempo para fundamentarla con datos experimentales, se concretó a refinarla interminablemente, con el propósito de publicar "en el futuro" una obra tan completa sobre ella, que resultara incontestable. "Preferiría quemar todo mi libro, que dar pie a la sospecha suya o de cualquier otra persona de que me comporté con espíritu tramposo"[4], manifestó en su hora de angustia. Finalmente el artículo de Wallace fue presentado ante la Sociedad Linneana de Londres, acompañado por un resumen de Darwin sobre su propia teoría. Después de un año de labor a marchas forzadas publicó *El origen de las especies.*

Wallace poseía un espíritu no menos generoso y cedió a Darwin la mayor parte del crédito sobre el descubrimiento, con el argumento de que las contribuciones de ambos se comparaban como una semana de labor (suya) con veinte años (de Darwin). Fue él quien acuñó el término "darwinismo", y suministró a través de los años muchos ejemplos de la selección natural en acción, y del efecto que las barreras geográficas tienen sobre la divergencia de variedades de una especie determinada. La línea divisoria entre la fauna de Asia y la dc Australia conserva hasta nuestros días el nombre de "línea de Wallace". Más adelante se apartó de la postura darwiniana en relación con la evolución humana, al juzgar insuficiente a la selección natural para explicar la emergencia de facultades como la habilidad matemática o musical, en tiempos en que nuestros ancestros no las requerían para su supervivencia. Quizá su interés para ese entonces en el espiritualismo lo haya convencido de que poseemos un alma capaz de existir indepen-

[4] Loren C. Eiseley, "Charles Darwin", en *Scientific Genius and Creativity, Readings from Scientific American,* W. H. Freeman and Company, Nueva York, 1982.

dientemente del cuerpo, y por lo tanto no sujeta a su mecanismo de evolución.

El desenlace feliz de la disputa que nunca se materializó entre Darwin y Wallace puede contrastarse con el caso de Henry, Faraday y el descubrimiento de la inducción electromagnética, consistente en la producción de un campo eléctrico por un campo magnético cambiante. Este fenómeno es uno de los cimientos empíricos de la famosa teoría de James Clerk Maxwell (1831–1879) sobre el campo electromagnético, y condujo en el aspecto práctico a la invención del motor eléctrico, del generador y del transformador, elementos tecnológicos medulares de nuestra civilización.

La inducción electromagnética constituye la perla negra en el collar científico de Michael Faraday (1791–1867), quien anunció su hallazgo en 1832, inmediatamente después de que su prolongada búsqueda del fenómeno había sido coronada por el éxito. Joseph Henry (1797–1878), profesor de física en un colegio poco conocido de Estados Unidos, había realizado el mismo descubrimiento dos años antes, y no lo había publicado por razones que vuelven trágico el asunto y recuerdan por un lado los motivos de Darwin para retardar la publicación de su obra principal, y por otro las condiciones de trabajo de investigadores en países científicamente periféricos. En primer lugar estaba su exceso de trabajo docente, que le permitía dedicarse a la investigación solamente en las vacaciones de verano, al final de las cuales empacaba por diez meses su equipo experimental, hasta el final del periodo de clases. En segundo, su intención de respaldar el hallazgo magnífico con tantas aplicaciones y corolarios que resultara inmediata su aceptación. En tercero, tal vez un cierto exceso de confianza, proveniente de la certeza de encontrarse, por razones de habilidad y fortuna, muy adelante de sus colegas del resto del mundo empeñados en la solución del mismo problema.

Cuando Henry se enteró del trabajo de Faraday el mundo se hundió bajo sus pies. Consideró inútil ya reportar sus propios resultados y fue sólo por la insistencia de uno de sus colegas que los publicó en el *American Journal of Science*, una revista nacional de investigación, y por lo tanto de escasa relevancia en Europa. Para colmo, en su momento de aflicción muchos de sus amigos le volvieron la espalda, tildándolo de "irresponsable" y "falto de patriotismo". Era culpable según ellos de haber desperdiciado la mejor oportunidad que se había presentado hasta entonces de proyectar, en especial hacia la arrogante Europa, una muestra superlativa del talento de su naciente país.

Henry descubrió también el fenómeno de autoinducción, consistente en la generación de un campo eléctrico en el mismo circuito donde se está produciendo un campo magnético variable; construyó un telégrafo electromagnético años antes que Morse, descubrió el principio del transformador eléctrico y observó ondas herzianas décadas antes que Herz. Ninguno de estos grandes avances se asocia normalmente con su nombre, en buena medida por haberlos realizado fuera de las metrópolis científicas de su tiempo. Quién desde fuera del "Primer Mundo" podría negarle su simpatía.

Humanismo darwiniano

El darwinismo permea por completo nuestro edificio cultural. En las ciencias biológicas siguen siendo válidas, quizá en mayor medida que cuando fueron escritas, las palabras que el botánico Hewett Watson le escribió a Darwin poco después de la publicación de *El origen de las especies*:[5]

> Su idea central, la "selección natural", se convertirá seguramente en una verdad establecida de la ciencia. Tiene las características de todas las grandes verdades naturales, clarificando lo que era obscuro, simplificando lo que era intrincado, añadiendo grandemente al conocimiento previo. Es usted el más grande revolucionario en historia natural de este siglo, si no es que de todos los siglos.

En economía, el mercado es un marco para la lucha por la existencia, aunque la intervención estatal haya frenado en cierta medida el salvajismo económico descrito por Adam Smith. El error marxista de ignorar este hecho, y el subsecuente intento soviético de racionalizar dicho campo de competencia a través de reglamentación y burocratismo, condujeron al colapso estructural de la Unión Soviética, uno de los más estrepitosos de todos los tiempos.

En la física de este siglo, el evolucionismo es una de las corrientes primordiales, y quienes se han mostrado lentos para unirse a ella han cometido "el error de su vida", como en el caso de Einstein respecto a la posibilidad de un universo en expansión. La evolución cosmológica conduce a la evolución de las galaxias, estrellas y planetas. En años recientes se han considerado incluso posibilidades como la del principio antrópico, según el cual las *constantes* físicas fundamentales como la velocidad de la luz, la constante de Planck y la gravitacional de Newton, son en realidad variables en el tiempo, debido a su acoplamiento con el radio del universo en expansión.[6] Escenarios tan extremos habrían sido imposibles de contemplar en un ambiente científico dominado en menor medida por la idea de evolución.

[5] L. Eiseley, *op. cit.*, p. 73.
[6] P. A. M. Dirac, *Nature* **139**, 1937, p. 323; *Proc. Roy. Soc.* **A165**, 1938, p. 199.

Una excepción notable es la antropología, donde se adoptó desde principios de este siglo la posición de que el desarrollo de las culturas no está sujeto a las leyes de evolución biológica. En Europa, sociólogos como Max Weber (1864–1920) y Emile Durkheim (1858–1917) introdujeron un método de estudio en el que cada sociedad es analizada como un sistema funcionalmente completo, y por lo tanto imposible de evaluar según los estándares de ningún otro. En Estados Unidos, Franz Boas (1858–1942) y sus colaboradores crearon un método similar de análisis cultural, negando así la existencia de una escala absoluta de "progreso" o "perfección" social. En un famoso artículo de 1917, que constituye un verdadero manifiesto de emancipación de la antropología respecto a las ciencias biológicas, A. L. Kroeber (1876–1960) propuso que las culturas pertenecen a un nivel "superorgánico", distinto del aplicado en las teorías biológicas de evolución.[7] Debido a que el aprendizaje en las sociedades se realiza a través de la comunicación entre los miembros del grupo y del aprovechamiento del legado cultural de sus ancestros, la evolución social depende del ambiente en grado aún mayor que de los genes. Este argumento suministró la base científica para justificar leyes de reforma social, tendientes a mejorar la situación de los integrantes menos favorecidos de la comunidad.

En literatura, la influencia del darwinismo es claramente discernible en la obra de muchos de los autores más conocidos del siglo. Su presencia es particularmente explícita en las historias y novelas de Jack London (1876–1916), cuyo tema general es el alto precio de la adaptación de humanos y animales a condiciones ambientales extremas, como las imperantes en las fronteras del mundo conocido: la región ártica (*La llamada de la selva*,[8] *Colmillo blanco*[9]), los mares (*El lobo de mar*[10]), y los barrios bajos en las grandes ciudades (*La gente del abismo*[11]). El siguiente pasaje de *La llamada de la selva* parece tomado literalmente de *El origen de las especies*:[12]

> Este primer robo identificó a Buck como apto para sobrevivir en el hostil ambiente del lejano norte. Señaló su adaptabilidad, su capacidad para ajustarse a condiciones cambiantes; lo contrario habría significado una muerte pronta y terrible. Señaló, también, el decaimiento o la desintegración de su naturaleza moral, no más que una vanidad y un estorbo en la despiadada lucha por la existencia.

[7] A. L. Kroeber, "The Superorganic", *American Anthropologist* **19**, 1917, pp. 163–213.
[8] *Call of the Wild.*
[9] *White Fang.*
[10] *The Sea Wolf.*
[11] *People from the Abyss.*
[12] Jack London, *Tales from the North*, Castle Books, Nueva Jersey, 1979, p. 454.

Aunque el nombre de Darwin nunca aparece explícitamente en *La llamada de la selva*, sí lo hace en *El lobo de mar* donde London lo incluye entre los autores de libros en el camerino de Wolf Larsen, el protagonista central.[13] La potencia física de Wolf Larsen, su carácter extraordinario, materialista y amoral, sus terribles y coherentes argumentos sobre la vida y la muerte, constituyen el retrato de un hombre que ha llevado su darwinismo hasta las últimas consecuencias.

Aunque sus escenarios son generalmente exóticos hay escaso romanticismo en la obra de London; su preocupación principal es mostrar la vida "tal cual es", propósito que comparte con su modelo literario Rudyard Kipling. El entorno le sirve sólo como vehículo para colocar a sus personajes en situaciones donde la malla del filtro de selección es especialmente estrecha, permitiéndole enfocar sin distracciones el dramatismo del conflicto por la existencia.

Los escenarios de Joseph Conrad (1857–1924) son igualmente exóticos. Selvas y mares constituyen las cajas de resonancia para estudiar el alma de sus personajes, revelada al fragor de la lucha por la supervivencia. Sus conclusiones son por lo general de un pesimismo profundo. Los protagonistas pagan en general el precio último por la sabiduría que ambicionan. En *Lord Jim*,[14] por ejemplo, el personaje central, un hombre "romántico" que se hizo a la mar en busca de ambientes propicios para sus sueños de heroísmo, es colocado por el destino en el caos de un naufragio, y en mala hora abandona el barco para salvarse, dejando atrás ochocientos peregrinos a su suerte. El hecho de que los peregrinos hayan sido rescatados después no mitiga su hoguera interior. Huyendo de ella alcanza las fronteras del hombre blanco, más allá de las cuales encuentra al fin reposo su espíritu en el papel de líder de los nativos. El medio lo pone a prueba nuevamente y vuelve a fallar, esta vez por razones totalmente ajenas a su voluntad. Sólo la muerte puede redimirlo ahora, y se deja matar por el cacique nativo cuya confianza traicionó sin querer.

El fatalismo de Conrad es todavía más evidente en *Corazón de tinieblas*,[15] que describe la desintegración de otro europeo romántico que penetra en las selvas del Congo, donde se convierte en un semidiós para los nativos, echando sobre sus hombros una responsabilidad que termina por aplastarlo. La filmación, en la década de los setenta, de una película[16] basada en esta historia ofreció una confirmación inesperada de la sutileza del argumento de Conrad. En la versión fílmica, el per-

[13] Jack London, *op. cit.*, p. 202.
[14] J. Conrad, *Lord Jim*, Dell Publishing Co., Nueva York, 1961.
[15] J. Conrad, *Heart of Darkness*, Dell Publishing Co., Nueva York, 1960.
[16] *Apocalypse Now*, dirigida por Francis Ford Coppola.

sonaje central es un desertor del ejército estadunidense en Vietnam, convertido en líder físico y espiritual de pueblos cimarrones en esa parte del mundo. A medida que se rodaba la cinta cinematográfica, la esposa del director filmaba escenas de la vida real en el campamento de trabajo. Recientemente apareció una película integrada con el material de ella, que muestra el deterioro progresivo en el carácter del esposo por el estrés de su actividad incesante en un medio selvático. Después de varios meses de labor los protagonistas revelaban en la vida cotidiana una falta de control sobre sí mismos no muy lejana de la imperante en su existencia paralela como actores, donde el personaje principal tocaba ya los niveles ínfimos en su proceso de degradación.

Resulta irónico que Darwin mismo haya protagonizado tal vez un episodio *conradesco*. Después de su travesía en el *Beagle* presentó, por el resto de su vida, trastornos psicosomáticos tales como insomnio recurrente y fiebres, que según algunos corresponden al mal de Chagas, provocado por un terrible parásito que habría adquirido durante su exploración de las selvas brasileñas.

El pesimismo de Conrad es épico, del viajero encorvado por el peso de su sabiduría tras un viaje quizá demasiado largo. El de Franz Kafka (1883-1924) es urbano, ignorante del sudor del galope y de la viscosidad de la sangre entre los dedos, mas no por ello menos darwiniano. Sus enemigos habitan rincones en la penumbra del subconsciente. Sus personajes son más frágiles que los de Conrad por la naturaleza intangible de sus rivales, que se divierten con ellos y se materializan tan sólo un momento al final del drama, el necesario y suficiente para destruirlos. En *El juicio*, por ejemplo, el protagonista se despierta una mañana y es arrestado por un crimen al que es completamente ajeno. El juicio está a cargo de desconocidos que parecen saber todo sobre él. "Es un juicio sólo si usted así lo considera", le informa el magistrado principal. Más adelante un clérigo le aconseja que "no es preciso aceptar todo lo que le sucede como cierto, sino solamente como necesario". Finalmente dos desconocidos elegantes lo conducen a las afueras de la ciudad y le clavan un puñal en el corazón.

En el nombre de Darwin

Pero si el autor de *El origen de las especies* se nos revela como un hombre "en el buen sentido de la palabra, bueno", para usar el verso afortunado de Antonio Machado, el mensaje en su libro es estrujante, en la medida expresada quizá de la mejor manera posible por nuestro personaje, cuando exclamó exasperado sobre la selección natural:[17]

> ¡Vaya libro, el que podría escribir un capellán del infierno sobre los torpes, derrochadores, erráticos, bajos y horriblemente crueles métodos de la naturaleza!

Como de costumbre su apreciación es correcta. La evolución es incesante porque proviene de la interacción de dos elementos que varían sin tregua, el ser viviente y su entorno. La tragedia hace su entrada a través del puente entre estos dos sistemas, la selección natural, que conduce a un escenario exento de propósito y deja a *Homo sapiens* en la incómoda posición de ser la única especie que ha percibido el mecanismo de su evolución, sin hallar en el mismo una justificación para la carnicería asociada con la lucha por la supervivencia.

Pero su espíritu no podía quedar satisfecho con esta visión quejumbrosa del conflicto por la existencia. Los dos últimos párrafos de *El origen de las especies* contienen la recompensa a veinte años de refinamiento de su concepción evolutiva:

> Cuando contemplo a todos los seres no como creaciones especiales, sino como descendientes lineales de unos pocos seres que vivieron mucho antes de que fuera depositada la primera capa del sistema cámbrico, me parece que se ennoblecen. [...] Como todas las formas vivas son descendientes lineales de las que vivieron mucho antes de la época cámbrica, podemos estar seguros de que la sucesión ordinaria por generación nunca se ha interrumpido y que ningún cataclismo ha desolado al mundo entero. Por lo tanto podemos vislumbrar con confianza un porvenir seguro de gran extensión. [...] Hay grandiosidad en esta concepción de que la vida, con sus varios poderes, fue insuflada originalmente por el Creador en unas pocas formas o en una sola, y que mientras este planeta andaba girando de acuerdo con la ley fija de la gravedad, de tan simple principio se desprendieron y evolucionaron infinitas formas bellísimas y maravillosas.

Sin embargo, ni siquiera este argumento magnífico logra colmar el abismo interior. Una posibilidad de consuelo proviene de la versión de que el antagonismo entre individuos encarna tan sólo el "caos microscópico", que engendra en niveles superiores el orden evidente en las asociaciones simbióticas, cuya manifestación suprema estaría representada por Gaia. Otra posibilidad es la contemplada por Thomas Huxley, de que nuestro humanismo se manifieste precisamente en la capacidad de trascender las consecuencias éticamente intolerables de

[17] L. Eiseley, *op. cit.*, p. 75.

la selección natural. Ninguna de las dos, empero, se ha constituido hasta la fecha en el cimiento de nuestra paz mental respecto al mecanismo darwiniano de evolución. En las postrimerías del siglo sigue siendo válida la afirmación del físico Steven Weinberg sobre la cosecha de dos mil años de exploración del cosmos:[18]

> Entre más comprensible se vuelve el universo, más sin sentido aparece.

Resulta doloroso el contraste entre un pesimismo tan hondo y la exaltación de Newton, el campeón del control en el lenguaje, al ponderar el sistema del mundo emergente de su teoría de gravitación:[19]

> Este elegante sistema de los planetas y cometas sólo pudo originarse como una concepción y bajo el dominio de un ser inteligente y poderoso, [...] al cual nos es dado conocer sólo a través de sus propiedades y atributos, y por la sabia y excelente estructura de las cosas [...]

Pero no será a través de frases profundas y ajenas como recobraremos la paz mental quebrantada en 1859, con la publicación de *El origen de las especies.* Bien puede ser que el asunto sea tan delicado que, siguiendo el consejo de Niels Bohr, sólo podamos bromear sobre él, a la manera del ministro inglés Benjamin Disraeli (1804–1881), quien, cuestionado en relación con el debate sobre el origen del hombre, respondió que si había que elegir entre ángeles caídos y simios en ascenso, él se acomodaba "del lado de los ángeles".

Y con esta verónica de Disraeli llegamos al final de nuestro episodio con Charles Darwin. El recuento sobre él es positivo en grado sumo, lo que podría quizá justificar la sospecha de parcialidad. Me declaro inocente. En aras de ofrecer una versión balanceada de su personalidad busqué con cierto ahinco manifestaciones de su lado oscuro, sin mucho éxito. Encontré muy pocos que pudieran decir algo negativo sobre él basándose en evidencia comprensible para los demás; a nadie hallé con alguna queja verdaderamente terrible en su contra. Su frase postrera constituye una lección más de sabiduría: "No tengo en lo más mínimo temor a la muerte".

Un revolucionario de su talla debió perturbar a los poetas y, sin embargo, me resultó imposible hallar en antologías un solo verso expresa-

[18] S. Weinberg, *The First Three Minutes*, Bantam Books, Nueva York, 1977, p. 144.
[19] I. Newton, *Principia Mathematica*, University of California Press, Berkeley, 1966, pp. 544–545, vol. 2.

mente darwiniano. Esto me parece una injusticia y ofrezco el siguiente poema para aminorarla:

Yo estoy en guerra con Dios.
De día cruzamos espadas
de noche me da agua regia
para curar mis heridas
confiado a sus armaduras
juega conmigo.
En el nombre de Darwin.
Y entre batalla y batalla
con la punta de mi daga
cultivo una rosa blanca
para no embrutecerme.

Packing Slip

castel diffusion
2020 bedford road
Bedford, TX 76021

Ship To: AMZ APTP ORDER
AMZ APTP ORDER
800 AVONDALE AVE
COLUMBUS, OH 43212-3473 US

Order #	113-9531484-8360252
Date	10/22/2026
User	
Ship Date	10/27/2026

Item	Description	Price	Qty	Ext. Price
ESPAARN-9789681647728-9681647726	BOOK- En el nombre de Darwin/ In the Name of Darwin (Spa	€13.69	1	€13.69

Sub Total:	€13.69
Shipping:	€5.91
Total:	€19.60

ÍNDICE ANALÍTICO

Ahlborn, B.: 114
Alberts, B.: 33
Andreae S.: 97
Ardrey, R.: 53
Aristóteles: 80
Avery, Oswald: 10
Beagle: 23, 41, 119, 125
Bennet, A.: 64
Bentham, Jeremy: 47
Bergson, Henri: 48, 93
Boas, Franz: 53, 123
Boltzmann, Ludwig: 47, 88
Boltzmann
  constante de: 82
Braude, S.: 35, 52
Bray, D.: 33
Bruno, Giordano: 88
Cairns, John: 10, 60
Carnegie, Andrew: 50
Carnot
  ciclo de: 114
Cavalli-Sforza, L.: 59
Chardin, Pierre Teilhard de: 45
Charlson, R.: 97
Cocho, G.: 32
Conrad, Joseph: 124
Copérnico: 79
Crick, Francis: 10, 52, 71
Curzon, F. L.: 114
Dao, K.: 64
Darwin, Charles: 9, 42, 43, 74
Davies, P.: 82
Dawkins, Richard: 31
De Vries, H.: 9
Delbrück: 10
Dirac, P. A. M.: 122
Disraeli, Benjamin: 55, 127
Dobzhansky, Theodosius: 11
Durkheim, Emile: 53, 123
Dyson, F.: 81
Einstein, Albert: 84, 122
Eiseley, Loren C.: 118, 120, 126
El origen de las especies: 9, 41
El origen del hombre: 43
Eldredge y Gould
  teoría de: 29
Eldredge, N: 10, 28
Engels: 78
Faraday, Michael: 121
Fisher, R.: 9
Gaia
  hipótesis: 91, 104
Galileo: 80
Galton, Francis: 9, 51
Gauss, Carl Friedrich: 117
Goodwin, B. C.: 32
Gordon, J.: 114
Gould, S. J.: 10, 28
Gouveia, A.: 99
Gray, Asa: 119
Grove, R. H.: 94
Haeckel, Ernst: 50
Haldane, J. B. S.: 9, 40
Hall, B.: 66
Hall, G.: 10
Hallam, A.: 85
Hamilton, William: 35
Hannon, B.: 113
Hare, H.: 35, 52
Hawking, Stephen: 13
Henry, Joseph: 121
Herschel, William: 80
Hobbes: 78
Hooke: 117
Hooker, Joseph: 24, 117, 119
Hoyle, Fred: 94
Hubbard, H. M.: 107
Hubble, Edwin: 84

Hubble
constante de: 82
Huleihil, M.: 114
Huxley, Thomas: 9, 15, 25–26, 43–44, 89, 119
Jackson, J. D.: 96
Jarvis, J.: 35, 52
Joravsky, D.: 73
Kafka, Franz: 125
Kelvin: 9, 26
Kierkegaard, Soren: 49
Kimura, M.: 10, 31
Kolmogorov: 75
Kroeber, A. L.: 53, 123
Lamarck: 9, 37
Laplace: 80, 83
Lecourt, D.: 73
Lederberg, E.: 59
Lederberg, J.: 59
Leibnitz: 117
Lenski, R.: 64
Lewis, J.: 33
Lewontin, R. C.: 113
London, Jack: 123
Lorenz, Konrad: 53–54
Lovelock, James: 94, 97
Luria y Delbrück
experimento de: 58–61
Luria: 9
Lyell, Charles: 9, 24–25, 41, 119
Lysenko, Trofim Denissovitch: 9, 71
Lysenko
el caso: 71–78
MacArthy: 10
Maimónides, Moses: 80
Malthus, Thomas: 9, 24, 109–110
Margulis, Lynn: 34, 93–94
Marx: 110
Maxwell, James Clerck: 47
Maxwell
teoría de: 121
McClintock, B.: 58
McIrvine, E.: 103
McLead: 10
Mendel, Gregor: 9, 15, 38, 73
Miller, S.: 60
Mitchurin, Ivan: 72
Mittler, J.: 63
Monet, Jean–Baptiste de: 37
Morgan: 73
Morgan, C. Lloyd: 49
Morgan, T. H.: 9
Morris, Desmond: 53
Murphy, J.: 85
Myers, N.: 109
Nance, R.: 85
Newton, Isac: 80, 117, 127
Nicolis, G.: 33
Ohta, T.: 31
Overbaugh, J.: 60
Pérez Pascual, R.: 32
Pangaea: 85
Peirce, Charles: 49
Pitágoras: 91
Planck: 70
Platt, T.: 99
Poisson
distribución de: 58
Pope, Alexander: 55
Popper, Karl: 11
Prigogine, I.: 33
Raff, M.: 33
Ravindran, P.: 99
Repetto, R.: 110
Ricardo, David: 110
Riedl, R.: 54
Rius, J. L.: 32
Roberts, K.: 33
Rockefeller, John D.: 50
Rosen, R.: 112
Rutherford: 27
Safonov: 76
Sambursky, S.: 80
Sathyendranath, S.: 99
Schwartz, S.: 98
Scopes, John Thomas: 44
Shapiro, J.: 63
Sherman, P. W.: 35, 52
Shetye, S.: 99
Siegenthaler, U.: 102
Smith, Adam: 47, 92
Spencer, Herbert: 48, 50

Sputnik: 94
Stakhanov, Aleksey: 76
Stent, G.: 38
Sumner, William Graham: 50
Thomas Morgan: 39
Thomas, Lewis: 34, 93
Torres, J-L.: 103, 112
Tribus, M.: 103
Trivers, R. L.: 35, 52
Upanishadas: 79
Vaca, Francisco: 114
Von Nägeli, Carl: 38
Waddington, C. H.: 32
Wallace, Alfred Russel: 9, 24, 26, 41, 50, 119
Wallace
línea de: 120
Warren, M.: 97
Watson: 10, 71
Watson, Hewett: 122
Watson, J.: 33
Weber, Max: 53, 123
Wegener, Alfred: 9, 85
Wegener
teoría de: 10
Weinberg, Steven: 81, 127
Weissmann, August: 9, 30, 118
Wheeler, John Archibald: 11
Whitfield, M.: 100
Wicken, J. S.: 113
Wilberforce, Samuel: 15, 44
Williams, V. R.: 74-75
Wilson, E. O.: 53
Wright, S.: 9
Wright, Thomas: 81
Young, L. B.: 93
Zuzel, T.: 66
absorción de radiación por el agua: 96
activación de genes crípticos: 65
actividad tectónica: 86
adaptabilidad: 18
adaptación al medio: 54
adenosina: 18
ADN: 10, 38, 52, 57
alma racial: 77
altruismo: 34
ambiente: 16
ambiente: 18
ambiente: 32
análisis mendeliano: 15
ARN: 69
autoinducción: 121
autoorganización: 32
azar: 19
bacteria: 34
banco genético: 18, 35
Biblia: 45, 115
biología molecular: 16
biósfera: 91
bióxido de carbono: 105
cálculo termodinámico: 9
cambios no puntuales: 19
campo electromagnético: 121
caracteres hereditarios: 15
células eukariotas: 34
ciclo del carbono: 100
ciencia y ética: 83
científicos mexicanos: 32
citidina: 18
coacervados: 32
código genético: 10
concentración de CO_2: 99-100
constante cosmológica: 85
control climático por el fitoplankton: 99
control de la temperatura: 97
creacionismo: 46
curva de absorción de radiación: 104
darwinismo: 25, 120
darwinistas: 50
decaimiento de los núcleos radioactivos: 26
deriva continental: 9, 85
diploides: 35
discontinuidad: 28
distancias biológicas: 20
distribución de alturas terrestres: 87
diversidad en las poblaciones: 17
diversidad morfológica: 24
dogma central de la biología: 30

duplicación de la molécula
de ADN: 18
economía y ecología: 107
embriogénesis: 31, 57
enzima reverso–transcriptasa: 31
epistemología evolutiva: 54
equilibrio puntuado: 28
escherichia coli: 10, 11
escolástica: 80
especie: 17
estructura en doble hélice de la
molécula de ADN: 10
eugénica: 9, 51
eugénica negativa: 51
eugénica positiva: 51
evolución biológica: 15
evolución creativa: 48
evolución dirigida: 13
excisión de un segmento de ADN: 62
existencialistas: 49
externalidades: 107
factores externos: 118
factores hereditarios: 39
fenotípica: 31
fenotipo: 31, 57
filosofía zoológica: 9, 37
flujo de reactantes: 32
fósiles: 27
fotosíntesis: 100
fuente de variabilidad: 20
fuerza débil: 12
fuerza electromagnética: 12
fuerza fuerte: 12
fuerza gravitacional: 12
fundamentalistas: 44
fusión nuclear: 12
gene: 18
gene egoísta: 31
genes: 40
genes crípticos: 65–66
genes y estructuras: 31
genética: 18
genoma: 18, 31
genotipo: 31, 57
grado de adaptación: 17
gradualismo: 74
gradualismo evolutivo: 39
gran explosión: 81
grupo de los científicos: 83
guanosina: 18
haplodiploidia: 35
haploides: 35
herencia integral: 9
hombre de Pekín: 45
homo sapiens: 12
hongos: 33
indeterminismo: 49
inercia cultural: 84
información genética: 18
interacción: 17
internalización: 107
juicio de Galileo: 88
juicio del mono: 9, 44
lamarckismo: 30, 37, 118
liga monista: 50
líquenes: 33
luminosidad solar: 100
luz solar: 103
lysenkismo: 75
macromoléculas: 29
marxismo: 78
materialismo dialéctico: 49
máxima eficiencia: 114
máxima potencia: 114
mecanismo mendeliano de
la herencia: 9
mendelismo: 38, 51
metabolismo: 17
molécula de ADN: 18
morfología: 57
mosca de la fruta: 9
mutabilidad: 27
mutación dirigida: 11, 57
mutaciones: 18
mutagénico: 19
nucleósidos: 18
nuevas especies: 16, 19, 24
operón: 66
optimidad: 111
organismos asexuados: 17
pedología: 75
plasma germinal: 9

plasma germinativo: 77
población: 16
población diversificada: 16
positivismo: 48, 83
potencia y la eficiencia del proceso: 112
pragmatistas: 49
principio antrópico: 80, 82, 122
principio cosmológico: 81
principios de geología: 9
progreso evolutivo: 78
quinta fuerza: 12
radiación solar: 103
radioactividad: 27
re-acomodo gravitacional: 26
relojes biológicos: 31
reproducción sexual: 19
retrovirus: 30
reverso-transcriptasa: 69
revolución científica: 80
ribosomas: 32
síntesis moderna: 11, 15, 40
salinidad de los océanos: 105
segunda ley de la termodinámica: 93
selección natural: 9, 15, 23, 27
simbiosis: 33
sociobiología: 52
soma: 9
stakhanovismo: 77
supervivencia: 16, 23, 91
supervivencia de los mejor adaptados: 50
temperatura: 97
teorema ergódico: 48
teoría de mutaciones: 9
teoría de platos tectónicos móviles: 85
teoría matemática de poblaciones: 16
teoría neutral de evolución molecular: 31
timidina: 18
transformaciones del genoma: 68
transformaciones genéticas: 19
transformaciones puntuales: 18
transposición: 19
uniformitarianismo: 9
utilitarismo: 47
variabilidad genética: 31

En el nombre de Darwin se terminó de imprimir y encuadernar en los talleres de Impresora y Encuadernadora Progreso, S. A. de C. V. (IEPSA), calzada de San Lorenzo 244, 09830 México, D. F., en el mes de diciembre de 1995.

Se tiraron 2 000 ejemplares.

Corrección de *Tania Candiani* y *Osvelia Molina*,
Gráficas del *autor* y *Angélica Goyenechea Jaramillo.*
Tipografía y formación de *Miguel Navarro.*
Cuidado de la edición: *Axel Retif.*

Esta obra es una coedición del CONSEJO NACIONAL DE CIENCIA Y TECNOLOGÍA y el FONDO DE CULTURA ECONÓMICA, coordinada editorialmente por MARÍA DEL CARMEN FARÍAS.